为发展而谋

有效对接优势资源与新兴产业

杨柳 / 著

深圳出版社

图书在版编目（CIP）数据

为发展而谋 / 杨柳著. -- 深圳：深圳出版社，
2023.9
ISBN 978-7-5507-3850-8

Ⅰ．①为… Ⅱ．①杨… Ⅲ．①科学研究组织机构—案
例—深圳 Ⅳ．①G322.236.53

中国国家版本馆CIP数据核字（2023）第101647号

为发展而谋
WEI FAZHAN ER MOU

出 品 人	聂雄前
责任编辑	梁 萍
特约编辑	丁宁宁
责任技编	梁立新
责任校对	万妮霞
封面设计	元明·设计 DESIGN STUDIO

出版发行	深圳出版社
地 址	深圳市彩田南路海天综合大厦 （518033）
网 址	www.htph.com.cn
订购电话	0755-83460239（邮购、团购）
设计制作	深圳市龙墨文化传播有限公司 0755-83461000
印 刷	深圳市汇忆丰印刷科技有限公司
开 本	787mm×1092mm 1/16
印 张	14.25
字 数	200千
版 次	2023年9月第1版
印 次	2023年9月第1次
定 价	68.00元

项目策划人
樊建平

序 言

樊纲①

先进院：探索新型科研机构的建设范式

新一轮科技革命和产业变革正在重构全球创新版图、重塑全球经济结构，全世界的科技鸿沟仍然巨大，发达国家和发展中国家之间的差距也在加速扩大。发展中国家面临的问题，不是自己有多大进步，而是要加速缩小与发达国家之间的差距，在创新能力、科技水平、科研体系等方面尤其紧迫，否则，一直会在国际竞争中处于"处处受压"的情境。

发展中国家要想在科技创新能力上追上发达国家，绝非一日之功。从引进模仿到自主创新是一个必经过程。目前，我们已经进入继续学习模仿阶段，既要发挥后发优势，也要加大自主创新。未来，更高的一个发展阶段，是我们成为世界创新体系的重要部分。经过多年努力，我国基础研究水平大大提升，人才队伍不断壮大，重大成果不断涌现，高质量论文发表数量已升至全球第一，研发人员总量连续9年稳居世界首位，"嫦娥五号"等科技研发取得突破，全球创新排名从2015年第29位升至2021年第12位。2021年我国研发经费投入总量达27956.3亿元，同比增长14.6%，稳

---

① 作者系中国经济体制改革研究会副会长、中国改革研究基金会理事长、国民经济研究所所长、中国（深圳）综合开发研究院院长。

居世界第二。可以说，我们正处在科技自立自强、进入世界创新体系之始。但大量产业存在关键核心技术"卡脖子"问题，关键材料、零部件的自给率较低，许多知识和技术领域仍落后于发达国家。

发展中国家要突破发达国家的技术封锁，提升自主创新能力，实现科技自立自强，关键要加快科技体制改革，形成支持全面创新的基础制度，创造激励创新的体制环境。新型科研机构是承担这一使命和任务的新载体，在我国实现自主创新和科技自立自强的过程中发挥越来越重要的作用。

新型科研机构是我国科技创新实践中的新事物，始于深圳的"先行先试"。深圳已成长为全国乃至全球的创新高地，不断向周边辐射发展能量。自全国第一个新型科研机构——深圳清华大学研究院出现之后，深圳陆续涌现出一大批聚焦成果转化、应用基础研究的新型科研机构。近年来，深圳持续推进新型科研机构建设，已逐渐发展成全国深化科技体制改革的试验田，开创了深化科技体制改革的新路径。

中国科学院深圳先进技术研究院（以下简称"深圳先进院""先进院"）是全国科研体制改革过程中新型科研机构的缩影。经过多年发展，该院已成为深圳吸引高端人才、提升创新能力、促进成果产业化、推广新技术应用的重要平台，走出了一条独具特色的创新之路，为我国新型科研机构提供了一种建设范式，其发展经验值得我们研究和借鉴。

深圳先进院吸收国际先进新型科研机构的管理方案和科研体系，采取理事会下的院长负责制，建立了以市场需求为导向的组织架构，充分激发了机构活力，形成了开放包容、敢想敢干的创新文化。该院根据国家和深圳发展的不同需求，在高端医疗器械、脑科学、合成生物学、生物医药、机器人、新能源与新材料、大数据与智慧城市等科研领域充分布局，还根据实际情况突出学科间的交叉，强化了集成创新与协同创新的科研机制。

科学研究与成果的产业化相结合是新型科研机构的重要优势，深圳先进院聚焦于工业技术开发，通过发展技术科学，实现关键技术开发与推进基础研究的双重目的，并加强与社会资本合作，推动产业化发展，不断完善与科技创新硬实力相适应和匹配的科技创新体系。该院开展了"0—1—10—∞"的创新链、产业链、人才链、教育链有效衔接与深度融合的体系化探索和系统化实践：建设了9个研究所，113个创新载体；打造了医疗器械领域唯一的国家级创新平台——国家高性能医疗器械创新中心；组建了深圳合成生物研究重大科技基础设施、深圳脑解析与脑模拟重大科技基础设施这两个重大科技基础设施，建设了合成创新院、脑院、电子材料院这三个基础研究机构；国内首创"楼上楼下"创新创业综合体——深圳市工程生物产业创新中心；瞄准粤港澳大湾区创新发展、面向未来产业科技与人才需求，筹建了新型研究型大学——深圳理工大学，不但为原始创新策源、关键技术突破、高水平人才培育、科技成果高效转化的聚变反应提供了内核动力，还探索了全过程创新生态链的新科研范式——"蝴蝶模式"，为国内蓬勃发展中的新型科研机构提供"深圳经验"和"深圳模式"。

面对国际复杂环境和现实产业需求，深圳必须进一步发展兼顾技术创新和产业化的新型科研机构，提升前沿领域的科技创新能力和科技成果转化能力，推动一批重要科研成果就地转化，打造现代化国际化创新型城市。同时，要以市场化发展为导向，把握并放大自身民营科技企业的优势，强化民营企业的创新主体地位。未来，期待深圳先进院更加注重应用牵引、突破瓶颈，从产业发展的实际问题中凝练科学问题，破解"卡脖子"技术的基础理论和技术原理，努力实现更多"0—1"的原始创新，勇敢地踏入"无人区"，找到创新发展的下一个方向，为建设创新型国家做出更大贡献。

前　言

　　深圳是一座催人奋进的城市，是以自主创新为发展主战略的城市。深圳 40 多年的经济发展成就有目共睹。特别是 2006 年深圳市公布了《关于实施自主创新战略建设国家创新型城市的决定》，明确提出要全力建设创新型人才、企业、产业、自主知识产权"四大高地"。深圳以推动科技创新为主线，全面带动思想观念创新、发展模式创新、体制机制创新，将创新的意识、创新的精神、创新的力量贯穿到现代化建设的各个方面，使创新成为经济社会持续协调发展的主导力量。由此，深圳进入转型和高科技发展的高速增长期。

　　2021 年，深圳经济运行稳中提质，地区生产总值突破 3 万亿元，比上一年增长 6.7%，工业增加值突破 1 万亿元，规模以上工业总产值突破 4 万亿元，居全国大中城市第一位。全年战略性新兴产业增加值合计 12146.37 亿元，占地区生产总值的 39.6%。

　　3 万亿这个新台阶意味着什么？让我们回顾一下深圳在 40 多年历经的几次跨越：1980 年建立经济特区伊始，深圳经济总量仅为 2.7 亿元；2010 年，深圳经济总量突破万亿元大关；2016 年，深圳经济总量站上 2 万亿元台阶；2021 年，深圳经济总量首次突破 3 万亿元。经济总量以万亿为一个台阶，从 2.7 亿元到 1 万亿元，深圳用了 30 年；从 1 万亿元到 2 万亿元，深圳用了 6 年；从 2 万亿元到 3 万亿元，深圳用了 5 年。

在从 1 万亿元到 3 万亿元这个区间的 11 年，深圳经济发展实现了喜人的跨越式发展，这与深圳对科技的投入密不可分。深圳市于 2006 年引入中国科学院的力量，联合香港中文大学，三方共建深圳先进院，让深圳有了科研机构"国家队"。以此为新的起点，深圳市着力完善创新政策体系，加快推进重大科技基础设施布局，培育新型研发机构，布局战略性新兴产业，培育未来产业，构建综合创新生态体系，推动大众创新蓬勃发展，取得了重大突破。

如今的深圳，科技基础设施和创新载体更是突飞猛进地发展。深圳重点实验室体系建设向纵深推进，由中央批准成立的鹏城实验室聚焦网络通信领域，正全力抢占科技制高点，深圳湾实验室、深圳量子科学与工程研究院被纳入国家战略科研平台建设体系。截至 2022 年 3 月底，深圳已累计建设国家重点实验室 6 家、广东省实验室 4 家、基础研究机构 12 家、诺奖实验室 11 家，各类创新载体总计超过 3100 家。

作为深圳第一支科研机构的"国家队"，深圳先进院自创立之始就与深圳同呼吸、共命运，致力于为深圳科技创新探索新的成长点、新的路径、新的模式。今天，回顾深圳先进院成长背后的初心和内在逻辑，对我国创建新型科研机构和新型研究型大学的建设具有示范价值。

习近平总书记指出，国家实验室、国家科研机构、高水平研究型大学、科技领军企业都是国家战略科技力量的重要组成部分，要自觉履行自立自强的使命担当。从国家战略科技力量的建设上看，中国科学院和深圳市人民政府决定依托深圳先进院建设深圳理工大学，既可以实现科研投入效率最大化，也符合国家战略的需求，是我国科教融合、产教融合的典型案例。

《为发展而谋》一书详细介绍了深圳先进院为实现科技自立自强的发展而充分运筹谋划，分为"谋科研""谋教育""谋文化"三个篇章。上篇"谋科研"里，对深圳先进院超前布局脑科学、合成生物学、新材料、碳中和等前沿科技领域进行详细介绍，彰显先进院为实现科技自立自强，围绕"提升自主创新能力"这一核心任务高瞻远瞩地排兵布阵；中篇"谋教育"里，对先进院为何要联合培养学生、为何要办大学、办怎样的大学，以及如何实现高端科研资源与基础教育融合发展进行了剖析和论述，来自世界一流大学的著名教授将在本篇分享宝贵的教学心得和教育理念，观点引人入胜；下篇"谋文化"里，对先进院开放和包容的文化氛围、公平透明的体制机制、成果产业化的运营思路等内容进行详细介绍，尤其对先进院率先探索的蝴蝶模式、CRDO 模式和集群模式进行了精彩论述，归国科学家们在这里演绎着"科学无国界、科学家有祖国"的动人乐章，可以看到先进院人的格局、眼光和智慧。

值得关注的是，先进院人的"谋"并非单纯地指谋划，还倡导"知行合一"地"谋"，边规划、边实践、边探索，实现滚动式发展，这也符合深圳创新、务实的特征。在科研布局上，先进院人有远见卓识，总会根据国际科技发展状况以及深圳产业发展需求，提出新建科技单元的目标，这不仅保证先进院十多年来紧跟时代潮流，还不断扩大科研领域，壮大了队伍。

深圳先进院着眼长远和大局，为发展而谋，在各级政府和相关部门的大力支持下，走上了依托科研机构创办新型研究型大学之路，为粤港澳大湾区建设提供"第一资源"的辐射示范，将在粤港澳大湾区建设教育人才高地、深圳建设中国特色社会主义先行示范区的道路上发挥重要作用。

党的二十大报告强调，未来五年是全面建设社会主义现代化国家开局起步的关键时期。报告指出"发展是党执政兴国的第一要务"，要坚持教育优先发展、科技自立自强、人才引领驱动，加快建设教育强国、科技强国、人才强国，坚持为党育人、为国育才，全面提高人才自主培养质量，着力造就拔尖创新人才，聚天下英才而用之。深圳先进院院长樊建平认为，这充分显示了党中央对教育事业、科技事业和人才工作的高度重视，是新型研究型大学需要承担且义不容辞的主要任务，相信未来的深圳先进院和深圳理工大学将进一步为粤港澳大湾区建设提供人才支撑和智力支持，为建设创新型国家贡献源源不断的智慧和力量。

樊建平发自肺腑地总结道："为创新而生者，积力之所举；为生存而战者，勇毅之所行；为发展而谋者，众智之所为。"

目 录

上篇　谋科研

第一章　大手笔发展脑科学 / 003

"铺路石"的定位带着时代特征 / 004

先进院牵头建设脑设施 / 006

共享的科学家，共享的科技资源 / 009

脑科学产业化的前景很美好 / 012

脑科学创新成果不断涌现 / 014

实现猕猴全脑成像"从 0 到 1"的突破 / 017

研制脑设施中的关键仪器 / 020

科教融合培养生物科技人才 / 020

第二章　建设全球最大合成生物研究基地 / 023

合成生物学前景广阔 / 023

超前布局，迎接合成生物学春天 / 025

深耕定量合成生物学领域，做开创性研究 / 027

不断涌现基础研究新成果 / 028

"造物致知，造物致用" / 030

从无到有，合成生物大设施应运而生 / 031

应用噬菌体对抗超级耐药菌 / 033

首创"楼上楼下创新创业综合体"模式 / 035

成功举办工程生物产业大会 / 037

第三章　抢先布局新材料前沿学科 / 041

　　高端电子材料国产化任务紧迫 / 041

　　迎难而上组建材料研发"尖刀连" / 043

　　主动出击，搭上深圳研究机构建设的"末班车" / 045

　　电子材料院落户宝安区 / 047

　　先进电子材料要在深圳实现"突围" / 049

　　用过硬技术为龙头企业赋能 / 050

　　带动国产装备快速发展 / 052

　　探索"联合攻关体"模式，发力高端材料国产化 / 053

　　电子材料院稳步发展 / 055

第四章　紧抓碳中和产业发展的黄金机遇 / 058

　　碳中和背景下，能源材料具有重要应用价值 / 059

　　牢牢抓住碳中和产业发展契机 / 062

　　新型铝基锂离子电池完成量产 / 064

　　新型双离子电池项目进入中试阶段 / 066

　　不断提升太阳能光电转换效率 / 067

　　太阳能是低碳产业的重要组成部分 / 069

中篇　谋教育

第五章　深圳先进院为何要联合培养学生 / 073

　　深圳先进院培养客座学生，输出复合型人才 / 073

　　探索多类型人才培养模式 / 075

　　数次赴京，争取近千名研究生"戴帽"指标 / 077

　　研究生教育：推进教育高质量发展 / 078

　　深圳先进院人才培养质量突出 / 079

第六章　深圳先进院为何要办大学 / 085

　　粤港澳大湾区需要世界一流大学作为支撑 / 085

深圳先进院办大学基于三个原因 / 087

"三院一体"的新型大学将显著提升创新效率 / 089

解读"钱学森之问" / 091

想尽一切办法办大学 / 094

首笔筹建经费顺利到位 / 097

深理工的筹建如火如荼 / 099

社会捐赠助筹建一臂之力 / 100

第七章　最理想的大学形态是怎样的 / 106

新型研究型大学是国家战略科技力量的重要组成部分 / 106

世界一流大学有很多种 / 108

研究型大学是产生知识的地方 / 110

美国研究型大学的三个特点 / 112

研究型大学文化氛围兼容并包 / 113

深理工有望成为一流大学 / 114

第八章　深理工与其他大学有什么不一样 / 117

深理工的三大特色 / 117

"三院合一"的办学理念吸引院士加盟 / 120

启发和鼓励学生从事创新研究 / 121

生命健康学院鼓励探索未知 / 122

创办中国合成生物学竞赛，营造创新的环境 / 124

药学院的愿景是"病有所医，疾有所药" / 126

深理工要办得"小而精" / 130

深理工将给学子国际化视野 / 132

科教融合应该以学生为中心 / 134

深理工首家书院——曙光书院成立 / 135

深理工校园设计堪称现代经典 / 137

第九章　如何实现高端科研资源与基础教育融合发展 / 139

深理工设立"创新型人才培养研究中心" / 139

政府与国家科研机构合作办学的一次成功尝试 / 141

通过三个融合，探索科教融合新路 / 143

"博士课堂"深受学生喜爱 / 144

让基础教育与高等教育有效融合 / 147

"科学 +"联盟符合国家的战略需要 / 150

下篇　谋文化

第十章　开放和包容的文化氛围是建设人才队伍的关键 / 155

开放的文化氛围鼓励融合创新 / 155

面向国家需求的跨界多元创新 / 157

一次讲座带来的跨界创新 / 159

"铿锵玫瑰"在这里精彩绽放 / 160

深圳具有海纳百川的包容性 / 164

开放包容的氛围为创新插上了翅膀 / 166

建设一流大学需要开放包容的文化 / 167

第十一章　公平透明的机制是人才成长的关键要素 / 170

"赛马中识马"，让人才脱颖而出 / 170

破格晋升源于真才实干 / 172

年轻本土博士获批国家"优青" / 174

这是一个公平公正的平台 / 175

年轻人要有压力才能成长 / 177

修改人力资源体系，实现人员双聘融合发展 / 180

人才发展没有"天花板" / 181

第十二章　打造成果产业化的先进院文化 / 184

一只"禾花雀"的故事 / 185

探索"ETS"的发展路径 / 186

首创"蝴蝶模式" / 188

开创"CRDO 模式"先河 / 193

集群模式：构建协同创新网络生态 / 195

第十三章　科学无国界，科学家有祖国 / 198

国际科技合作如火如荼 / 198

美国院士的邮件架起合作的桥梁 / 200

在产业化道路上高速奔跑 / 203

心怀产业报国梦，矢志不移做科研 / 204

科学家要有使命感 / 206

后　记 / 209

上 篇

谋 科 研

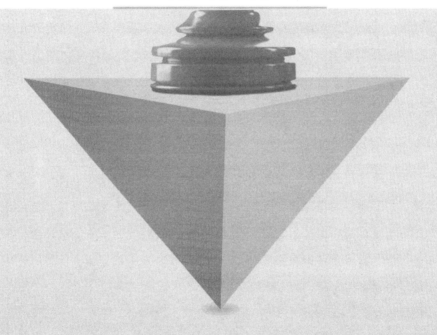

谋科研，即是谋创新。创新始终是一个国家、一个民族发展的重要力量，也是推动人类社会进步的重要力量。习近平总书记指出，实施创新驱动发展战略，是应对发展环境变化、把握发展自主权、提高核心竞争力的必然选择，是加快转变经济发展方式、破解经济发展深层次矛盾和问题的必然选择，是更好引领我国经济发展新常态、保持我国经济持续健康发展的必然选择。

　　科技创新的源头是基础研究。作为深圳首个"国家级"科研机构，深圳先进院承担着应用基础研究和源头技术创新的重要使命，源源不断地为粤港澳大湾区的产业界提供科技创新成果。结合世界科技前沿发展趋势，结合国家和地方需求以及中国科学院的发展目标，深圳先进院超前布局脑科学、合成生物学、新材料、碳中和等领域，紧紧围绕提升自主创新能力这一核心任务高瞻远瞩地排兵布阵。

第一章 大手笔发展脑科学

脑科学作为当前国际重要的前沿科学，已成为各国必争的科技战略高地，我国也加快了在脑科学领域的布局。2016 年 5 月 30 日，习近平总书记在全国科技创新大会、两院院士大会、中国科协第九次全国代表大会上发表讲话，指出："脑连接图谱研究是认知脑功能并进而探讨意识本质的科学前沿，这方面探索不仅有重要科学意义，而且对脑疾病防治、智能技术发展也具有引导作用。"2018 年 5 月，习近平总书记在两院院士大会上的讲话再次强调：以脑科学等为代表的生命科学领域正在孕育新的变革。

一直以来，脑科学被认为是人类科学的"终极疆域"，是科研桂冠上最难以企及的明珠。深圳先进院脑认知与脑疾病研究所（以下简称"脑所"）所长王立平介绍，人类从未停止对大脑的研究，然而有关大脑的探秘到目前为止仍只是冰山一角，人们对未来实现"用机器匹敌人脑"的长期愿景，需要从基于大脑认知基本规律的研究中获得启发，但目前人工智能技术距离真正达到类人脑的能力还有很长的路要走。为了在脑科学领域抢占竞争先机，深圳抓住了重大历史机遇，依托深圳先进院脑所，与香港科技大学等单位共同成立了深港脑科学创新研究院（以下简称"深港脑院"），并由深圳先进院牵头建设脑解析与脑模拟重大科技设施（以下简称"脑设施"），进而在光明区建设国内首家脑科学产业创新中心（以下简称"脑创中心"），成为衔接深港脑院和脑设施实际需求的脑科学新技术产业创新平台载体，这也是我国首家以创新驱动发展为指引，在脑科学、脑技术、脑疾病、脑健康、脑智能领域聚焦，融通"源头创新＋技术攻关＋人才培养＋产业服务＋资本加持"的产业创新载体。

"铺路石"的定位带着时代特征

十多年前，脑科学的研究进入加速发展的机遇期，发达国家纷纷提出一系列基于大脑神经的链接图谱，从而建立能深刻认识和理解大脑功能的重大研究计划，也围绕脑科学研究成果酝酿重大的应用突破和产业变革。

"我在 2008 年回国，给自己的定位是要做领域发展的'铺路石'，这与当时的时代背景有关。由于先进院刚刚建立不久，还处于初期阶段，那么，一是要具备与国际上前沿科技接轨的科学理念，二是要具备整合国际创新资源的能力，三是不能围绕个人荣誉得失来做事，而是要着眼于先进院的平台式发展，以深圳为载体，以提升深圳未来科技创新能力为己任，服务国家发展战略。所以定位做'铺路石'带有时代特征。"王立平说。先进院自 2009 年正式挂牌成立之后，在一批甘愿做"铺路石"的科研人员的共同努力之下，形成了严谨创新、锐意进取的学术氛围和国际化的科研生态，搭建多个能促进成果快速转化的科研平台。

王立平和脑科学团队坚持"科技报国、创新驱动发展"的核心理念。在这一理念的引领下，先进院脑所自 2018 年起进入快速发展阶段。为推动深港两地在脑科学领域的长期合作，共同推动粤港澳科技发展，打造具备"需求牵引的源头创新能力、整合国际创新资源能力、产业支撑能力、人才培养能力、战略咨询能力"的创新高地，2018 年 5 月，由深圳先进院脑所提出的"关于在深圳建设脑科学重大科技设施的建议书"获得深圳市发改委的正式批复。2018 年 11 月，为进一步提升深圳脑科学的源头创新能力，拓宽深圳生命科学领域的国际创新资源，抢占国际科技制高点，强化深港科技合作，开始筹建深港脑院。作为深圳市布局的十大基础研究机构之一，深港脑院由深圳先进院和香港科技大学共同牵头建设，南方科技大学、深圳大学、北京大学深圳研究生院为共建单位。

2019年1月，深港脑院正式揭牌，标志着一支以推动深港两地科技领域的实质合作为核心目标的国际化脑科学科研队伍从此植根于深圳的土壤中，将成为深圳脑科学和下一代人工智能产业发展的核心智力引擎。

同年5月30日，深港脑院举行第一届管理委员会第一次会议，审议通过了深港脑院章程，审议并任命第一届管理委员会主任和成员，审议并任命学术委员会主任和院长。11月15日，召开第一届学术委员会会议，进一步凝练研究方向，加强深港合作，建设"开放共享、合作共赢"的脑科学创新研究的载体。同年成立5个研究中心，布局了"认知的神经基础""重大脑疾病机理""重大脑疾病诊疗策略"和"脑科学研究新技术方法"四个研究方向，致力于脑科学前沿研究。

2019年5月30日，深港脑院揭牌

王立平介绍："深港脑院的诞生，是建立在先进院脑所近十年的探索与发展基础之上的。这些年，先进院脑所解决了该领域中争议多年的科学问题。深港脑院将努力围绕人类知识的边界开展源头创新研究，通过新技术聚集与转化，满足社会需求。"

王立平与团队骨干一直密切关注国际脑科学领域的发展趋势。作为21世纪科学研究的前沿高地之一，包括美国、欧盟在内的世界先进国家和地区都在积极出台脑科学计划。"十三五"期间，我国将脑科学与类脑研究列为"科技创新2030重大项目"，启动"中国脑计划"。"十四五"规划明确指出，要瞄准脑科学、人工智能等前沿领域，实施一批具有前瞻性、战略性的国家重大科技项目。

他欣喜地说："脑科学已经被列为国家战略科技力量，深圳脑科学研究如今驶入了'快车道'。基于脑科学研究的重要性和我国脑科学研究的现状，面对西方国家在脑与人工智能研究领域的强势出击，我们应该从创新型国家建设的长远目标出发，加强国内各团队的交叉合作，让科研和产业齐头并进，聚焦基础研究的重点突破方向，强调面向重大需求的脑科学成果转化应用，实现脑科学和相关交叉学科的跨越式发展。"

先进院牵头建设脑设施

国家在"十三五"规划中已将深圳定位为科技、产业创新中心。2016年8月，深圳市发改委发起征集"十三五"重大科技基础设施项目；同年9月，深圳先进院脑所向市发改委提议建设脑设施项目；2017年2月，深圳市发改委在北京组织专家论证会，脑设施项目入围深圳市十大重大科技基础设施布局项目；2017年12月，脑设施项目建议书通过中国国际咨询公司组织的专家评审；2018年5月，脑设施建议书获得深圳市发改委的正式批复。

　　脑设施由深圳先进院作为牵头单位，联合南方科技大学、香港科技大学深圳研究院、深圳市神经科学研究院、北京大学深圳研究生院，共同建设面向国内外科研机构、院校、企业的共享平台。脑设施的科技负责人为深圳先进院脑所所长、深港脑院院长王立平研究员。

深圳先进院脑所所长、深港脑院院长王立平

　　先进院脑所所长助理／深港脑院院长助理、脑设施总工程师鲁艺研究员介绍，脑设施总建筑面积约5万平方米，设备方案总投资约8.8亿元，将分脑编辑、脑解析和脑模拟三个模块开展建设。围绕"重大脑疾病发生和干预的神经机制及诊疗策略"的核心问题，聚焦阿尔茨海默病、自闭症、抑郁症、脑卒中和语言障碍五大神经系统疾病，力争将脑设施建设成能为脑功能、脑疾病、类脑智能与脑技术开发、基础与应用转化研究提供资源共享的创新中心，推动我国脑疾病诊断治疗技术、脑认知与类脑智能基础理论以及脑科学研究技术研发与转化的跨越式发展。

鲁艺透露，脑设施是全球首个大型综合类封闭式非人灵长类动物疾病模型设施，目前没有可借鉴的经验，不论是工艺装修设计，还是管理制度建设，均需认真摸索和大胆创新。"我们充分调动先进院脑科学研究团队的力量，根据脑设施不同功能分区与不同模块，分别建立责任科学家负责制，以及设备全生命周期管理制度和与之匹配的专人监督机制，充分保障设备的可靠性和采购的规范性，以及运维过程中的开放性和共享性。此外，脑设施还充分调动了先进院脑所基层党员的主动性，形成工地巡检抽查制度，尽可能保障脑设施工程的有序推进和工艺的有效落实。"根据整体规划，脑设施将于 2024 年建成并交付使用。为充分挖掘脑设施的潜力，扩大脑设施在行业内的影响力，设施团队已经先行启动了客户培育计划，目前已与 30 余家科研单位和近百家产业用户达成了使用意向。

脑设施的建设是广东省、深圳市积极践行习近平总书记对于广东发展"四个走在国家前列"重托的具体举措。我国已于 2014 年 3 月正式筹划"脑科学"计划，并在"十三五"规划纲要中将"脑科学与类脑研究"确定为重大科技创新项目。它的建设将以原创科学发现驱动技术突破和产业发展，基于深圳在基因组学、生物治疗等领域的研发优势，发挥已有重大基础设施（如国家基因库、综合细胞库等平台）的上游支撑作用，聚焦位居全国医疗负担首位的众多脑疾病进行相关科学研究和成果转化研究平台建设，吸引深圳本地和国内外一流研究团队开展基础和临床研究，力争在早期诊断和新型干预策略、新药创制和测试等研究方向取得国际领先的研究成果，并依托设施开展相应的转化研究，推动深圳国际科技与产业创新中心的建设。

脑设施的建设还将充分发挥深港两地的优势资源，进一步吸引国际高端创新人才和国际前沿技术，使脑设施成为国际脑科学领域创新资源汇聚的焦点；提升人才培养能力，提升战略咨询能力，为国内探索相关基础和转化研究提供建设和运行经验，并有望起到重要示范作用。更为重要的是，脑设施的建设将加快粤港澳脑科学群体融入国际脑科学研究的领先方阵，为重大脑疾病诊疗研究提供国际一流的基础条件和国际一流的智力支持，还将推动地方经济产业创新，为深圳建设国际科技产业与创新中心的城市发展战略提供重要的科技支撑，助力粤港澳大湾区尤其是深圳市生物医药、人工智能、医疗器械、数字医疗以及神经康复产业的发展提供新的增长点。

共享的科学家，共享的科技资源

2022 年春天，在深圳市政府的大力支持下，脑设施在光明区正有条不紊地推动布局建设。王立平介绍，该建设的核心要义是大力疏通脑科学领域应用基础研究和产业化连接的通道，促进创新链、技术链、产业链、资本链、人才链的精准对接，加快本领域科研成果从样品到产品再到商品的转化。为了充分实现"沿途下蛋"，加速自主研发关键技术的产业转化，在国家布局创新"2030 脑与类脑重大项目"实施前夕，深港脑院与脑设施建立的脑创中心在光明落地，成为衔接深港脑院和脑设施实际需求的创新平台；也成为脑科学、脑技术、脑智能、脑疾病、脑健康等领域产业聚集、人才聚集、技术聚集、资源共享的"示范区"。

2021 年 10 月，深港脑院作为承办单位之一，成功举办了"全国首届脑与健康科技产业大会"（以下简称"B30 大会"，旨在吸引 30 家以上头部资本对接 30 家以上脑科技领域创业团队）。首届 B30 大会吸引超过 60 家资本和 50 个脑与健康科技领域的前沿技术团队齐聚光明科学城，共同研讨"源头创新、技术研发、人才培养、产业布局、资本加持"相关领域的产业链强化和产业生态建设中的共性问题。B30 大会是我国脑与健康领域首次举办的规模盛大，覆盖面广，科技、产业与资本界共同融合、参与度极高的盛会，受到了社会各界的广泛关注。

位于光明科学城的脑科学大设施和合成生物大设施

B30大会上，投资人和科学家畅所欲言。著名科技企业家、知名投资人龚虹嘉表示："中国正在逐步进入深度老龄化社会。脑科学、脑健康、脑智能、脑康复、脑疾病等领域的前沿技术突破正在酝酿着巨大的产业变革，也将对脑疾病早诊优治与康复新技术、脑机融合智能新技术具有重要推动作用。"

美国艺术与科学院院士冯国平发表了主题演讲，他分享道："大脑疾病是人类负担最重的疾病之一，基因组测序、基因编辑、单细胞测序以及光遗传学等技术的出现，对于大脑疾病的研究和药物开发有重要的促进作用。现在是投资脑疾病的最好时机，很多脑疾病的机理研究都可以转化成治疗的靶点和药物开发的依据。"

产业界人士惊喜地看到，由深圳市发改委、光明区政府共同支持的脑创中心在 B30 大会上正式揭牌，光明科学城脑与类脑智能产业园也正式签约。

"樊建平院长提出的'蝴蝶模式'，是对脑科学科研产业全链条的高度凝练和总结。在这个模式里，脑创中心依托大设施站在了舞台的中央，它以国家创新驱动发展战略为指针，围绕脑科学、脑技术、脑健康、脑疾病与脑智能领域和技术产业转化发展的关键痛点，以'企业出题，科研人员答卷'的合作模式为着手点。企业向脑创中心科研团队提出技术需求，然后科研人员用智力服务于不同的企业，既可以降低企业的研发成本，又能为科研人员提供源源不断的产业需求。这是一种共享科学家、共享团队和共享科技资源的全新模式。"王立平介绍道，"脑创中心以实现'沿途下蛋＋聚集效应'的产业发展生态为目标，打造科研、设备、知识产权、资本'立体化运行'的产业孵化平台。同时，围绕脑科学、脑智能、脑疾病、脑康复、脑健康、脑技术等领域的产业化技术，建立一个全球范围内的高端人才和'科技雷达扫描系统'，在市、区政府的支持下，为脑创中心'拎脑入驻'的企业提供人才、技术、设备、政策，提供全球细分赛道的科技资讯。该扫描系统还可以服务生命健康、生物医药、医疗企业、人工智能等产业生态的建设。"

在该体系的支撑下，脑创中心将努力建设成服务全国、辐射全球的国家级产业创新中心，成为跨物种脑疾病动物模型制备与基因、药物治疗新技术、脑图谱解析与调控科学仪器与新方法、脑认知教育与脑功能提升、脑机融合智能技术产业应用等脑科学前沿产业发展方向的创新示范高地。

脑创中心展厅

脑科学产业化的前景很美好

"近年来，我在进一步深入思考一个问题，我们研究大脑的核心目标是理解复杂的神经环路和网络控制我们认知与行为的根源，但是现有神经科学实验对行为观测和定量描述的技术还停留在很粗糙的阶段。"脑所研究员蔚鹏飞坦率地说。目前，光遗传学、高通量神经电极、活体显微成像等新技术在神经科学领域获得突破性变革，用人工智能手段精准地观察和分析动物行为成为不可阻挡的趋势。

2021年在《自然·通讯》上发表的最新论文，是蔚鹏飞与王立平研究团队历时两年的合作成果。他们自主研发的行为采集设备，能够获取动物三维的运动姿态，并根据动物行为构造类似语言一样的层次结构，提出了一种层次化动物行为分解模型，将连续、复杂的行为简化为可以被人们理解的动作模块。该研究已对自闭症模型小鼠进行了行为鉴定，成功在亚秒级实现自动精确识别其特征性的行为。

"这不仅仅是一篇学术论文，而且是一项可能产业化的科研成果，针对临床前药物的评估，必须以实验动物的行为进行分析，我们的成果为动物行为观测提供了更科学的手段，因此科研机构纷纷向我们发来订单。相信不久的将来，制药企业也会与我们合作。"蔚鹏飞透露正在开展的产业化工作细节，"王立平所长带领我们团队成立脑科学技术产业创新中心，力争把产学研链条打通，推动脑科学成果尽快产业化，我相信这项开创性的工作只有在深圳才能成功。"

与此同时，蔚鹏飞牵头的另一项脑机接口技术类的项目也在开展产业转化的工作。"多年以来，基于无创脑机接口技术上所积累的研究成果，我们也一直在思考另一种应用方式，即通过无创神经电刺激调控的方式，干预人的脑电波，从而达到对认知和运动功能改善和强化的目标。"他带着这项技术在 2018 年参加首届"率先杯"未来技术创新大赛，获得优胜团队奖。

蔚鹏飞等人通过技术转化入股的形式，成立了深圳中科华意科技有限公司，专注于无创神经调控技术和产品的研发。一款可改善老年人认知功能的产品正在申请 II 类医疗器械注册证。该公司于 2022 年入驻脑创中心，并获得 1800 万元融资。

除了脑所的研究员创办的企业，脑科学技术产业创新中心还吸引了国内一流的创业团队。比如，曾在中科院神经所共事过的三位神经生物学家张鸣沙教授、舒友生教授和吴思教授，在业内率先开发出具有国际水准的基于眼动行为的大脑生理和认知评估系统，可为轻度认知障碍（MCI）的大规模早筛提供高效的解决方案。他们创办的北京集思明智科技有限公司于 2022 年入驻脑创中心，在脑创中心的帮助下，几个月的时间内，就成功地完成 A+ 轮融资金额达 2000 万元。

从哈佛大学归来、负责脑创中心工作的黄天文研究员对入驻企业如数家珍。他介绍："截至 2022 年 5 月，脑创中心孵化器和产业园首批已吸引超过 20 家企业落地，企业融资总额约 2 亿元，估值超 40 亿元。我们将在光明科学城探索打造'Science-Hub-Ventures'，即'科学 + 资源共享 + 资本'深度融合，'创新、创投、创业'三创合一、融合发展的新模式。"

王立平研究员认为，脑科学与类脑智能产业面向的是一片万亿美元级的蓝海市场，而脑科学、脑认知、脑智能、脑疾病、脑技术与脑健康的研究正在酝酿着重大的应用突破和产业变革。作为科技史上最重要的领域之一，脑科学将成为下一个给人类社会带来颠覆性影响的领域，也会成为未来国力、资本、人才的又一个竞争焦点。脑设施的建设为推动地方经济产业创新、将深圳建设成国际科技与产业创新中心提供重要的科技创新支撑，也为粤港澳大湾区尤其是深圳市相关医疗器械和神经康复产业提供新的发展模式和增长点。

脑科学创新成果不断涌现

先进院脑所自成立以来，不断涌现出脑科学创新成果，如在国际上率先发现了大脑先天对突发威胁具备针对恐惧的"防御系统"，这是大脑一种非常原始、保守的固有能力。这一大脑基本运行规律的发现，对脑疾病的防控和人工智能中快速防御功能的研发有重要指导价值。

深港脑院正在打造一张深港科技合作的"新名片"。在脑科学领域，深港合作取得了重磅科研成果——首次通过跨血脑屏障的全脑基因编辑修复罹患阿尔茨海默病小鼠的病变。该成果入选中国神经科学学会 2021 年度"中国神经科学重大进展"，也是粤港澳大湾区首个获奖项目。脑所副所长陈宇研究员介绍，2021 年 7 月 26 日，由香港科技大学、深圳先进院组成的合作研究团队，在《自然·生物医学工程》上在线发表了题为 "Brain-wide Cas9-mediated cleavage of a gene causing familial Alzheimer's disease alleviates amyloid-related pathologies in mice"（全脑 Cas9 介导的家族性阿尔茨海默病突变基因编辑改善小鼠淀粉样蛋白相关病理）的研究论文，通过非侵入式的静脉注射途径，突破常规的脑定位局部注射、脑脊液注射等侵入式的基因治疗给药方式，首次成功实现高效的全脑基因编辑，缓解了阿尔茨海默病的相关病症。这是基因编辑技术向脑类疾病临床治疗发展的一个重要里程碑，有助于开发影响多脑区的脑部遗传性疾病的精准医疗。

另外，脑所通过和北京大学的团队合作，在国际上首次发现了慢性疼痛导致焦虑、抑郁的大脑环路，为治疗由疼痛导致的疾病提供了研究靶点。在帕金森病干预研究中，该团队率先证实大脑中一类特定细胞有重要贡献，为帕金森病的治疗提供了新的线索；此类细胞还可以作为干细胞的微环境，影响干细胞分化和修复帕金森病患受损的脑网络，为治疗提供新方案。

在脑疾病的干预研究中，脑所团队发现癫痫的异常神经元放电的传播方向，为精准地抑制癫痫发作提供技术佐证。上述研究成果都是基于先进院的研究平台完成的，成果均发表在《自然》的子刊上，大大增强了深圳在脑科学研究领域的国际影响力。

朱英杰所在团队联合美国斯坦福大学陈晓科团队针对阿片类药物成瘾发现了两条神经通路，破解了全新功能。此外，通过抑制其中一条通路，研究人员成功消除了小鼠成瘾的关联记忆，阻止了复吸行为的发生。相关研究于 2020 年 7 月 16 日发表于神经生物学著名学术期刊《神经元》。这是深港脑院内尔神经可塑性诺奖实验室的研究成果，也是深圳市药物成瘾重点实验室的首个研究成果。

截至 2022 年 5 月底，深港脑院科研团队先后在《自然》《科学》《神经元》《美国国家科学院院刊》等国际顶级期刊发表论文 112 篇，申请专利 300 余项，获授权专利 80 余项。

深港脑院科研团队在产业化转移转化方面也倾尽全力，取得了卓有成效的成绩。比如，王立平研究员在光遗传技术研发、光／神经界面构建、神经环路示踪、精准调控等方面开展了一系列的工作，从 2012 年到 2020 年，连续举办九届"全国光遗传技术培训班"，将上述关键技术辐射到国内 400 余家实验室，为这项技术在国内的普及、降低国内同行的"试错成本"做出重要的贡献。近年来，这项技术以及其他神经环路示踪、调控技术的广泛应用在神经环路层面引发机制研究领域的革命，回答了许多传统研究方法无法回答的科学问题。

王立平团队与蔚鹏飞团队多层次合作，在计算行为学领域取得新进展。基于对动物本能防御行为的研究积淀，结合前沿的计算机视觉和机器学习技术，自主研发了全新的高精度动物行为三维重建和自动化表型鉴定的新系统。此系统创新性地整合了三维行为采集、层次化行为分解，构建行为图谱，并在自闭症小鼠疾病模型上发现了潜在的刻板行为。王立平透露："已有 20 余家意向客户完成专利限定签约，包括上海市精神卫生中心、中山大学、华西第二医院、暨南大学等。后续将实现批量化生产，研发数据分析云平台。"

又如，基于嗜神经病毒的研究体系成为神经环路结构研究的主要手段，具有若干已有手段难以比拟的优势：病毒种类繁多、外源基因的装载能力、宿主感染选择性、传播能力与方向、跨突触能力等因素为攻克病毒提供了众多的选择。徐富强研究员及团队在过去十余年里致力于神经环路结构与功能研究新技术新方法的开发及应用，通过整合分子和细胞生物学、遗传学、病毒学、神经生物学、影像学、化学、物理学、生物信息学、生物工程学等学科，建立了以十多类嗜神经病毒为载体，国际上最齐全的神经环路结构与功能可视化研究的工具库，500 余种产品多处于世界领先水平，建立的服务平台可为国内外数千家实验室提供支撑，成为脑科学领域研发不可或缺的工具。

"我们已转化的相关产品在 2021 年年销售额超过 3000 余万元。"徐富强研究员介绍，"国家把基因治疗列为重点产业发展方向，我们的专利技术可以实现抗癌药物的靶向递送及高效生产，一方面，我们要继续改进工具病毒，克服仍存在的关键问题；另一方面，我们针对新型冠状病毒、恶性肿瘤、糖尿病、众多罕见疾病等进行深入研究，利用深圳良好的产业化环境，可能在某些基因治疗上获得突破。"

值得一提的是，脑科学与类脑智能、细胞与基因均被列入深圳 2022 年《关于发展壮大战略性新兴产业集群和培育发展未来产业的意见》中提到的 8 个未来产业重点发展方向。作为深港脑院中重要研究方向之一的嗜神经病毒的研究体系的建立，同样在支撑罕见神经系统疾病基因治疗领域具有极大的潜能。深港脑院的该研究方向，于 2021 年初获批国家药监局审批的"细胞和基因治疗药物病毒载体技术研究与评价重点实验室""国家脑计划"，这对深圳乃至粤港澳大湾区的脑科学、细胞与基因治疗相关产业的发展是一大利好基础。

2018 年 11 月，首个基于脑认知规律的服务教育的企业联合实验室挂牌成立，深圳市药物成瘾重点实验室于 2020 年成立，又联合多个重点实验室推动先进院脑研究最新成果的落地和转化，基于前期基础研发成果的若干高科技公司已获得融资。

实现猕猴全脑成像"从0到1"的突破

一支研究团队历时五年，自主研发高通量三维荧光成像 VISoR 技术和灵长类脑图谱绘制 SMART 流程，实现了猕猴全脑的微米级三维解析，这是目前世界上最高精度的灵长类动物的脑图谱。这是脑所毕国强教授、刘北明教授、徐放副研究员率领深理工 / 深圳先进院、中国科学技术大学和合肥综合性国家科学中心人工智能研究院团队在 2021 年 7 月 26 日发表于《自然生物技术》上的最新研究成果。

大脑作为结构和功能最复杂的器官，是生命活动的"司令部"，识别大脑的三维结构，对脑科学研究有重要作用。长久以来，为了能"看清"大脑的内部结构，了解其运转机制，全球科学家们都在尝试绘出一幅展现连接性、功能性和微观结构的大脑高清"地图"，然而技术难度极大。

先进院脑所和深港脑院脑信息中心主任毕国强回忆道："猴脑成像技术突破的基础是我们团队自 2015 年开始在中科大研发的 VISoR 高速三维成像技术，当时最直接的目标是满足脑科学研究的一个越来越重要的需求，即解析实验动物（如小鼠、猕猴）乃至分辨人的大脑细胞的三维结构，绘制不同脑神经结构和连接图谱。传统技术拍摄大样本三维图像需要太长时间。"

考虑到这一点后，研究团队里的祝清源老师提出一个新的想法：利用斜照明连续拍摄厚组织样品的匀速运动，可以获得最高的成像速度。当时遇到的一个问题是运动中成像将不可避免地造成一些模糊效果，他们尝试了运用计算技术去除运动模糊的影像，但均不理想。

在这个难点卡了几个月之后，毕国强突然想到可以将扫描照明光束与相机拍摄读出严格同步化，使样品在成像拍照中只被非常短暂地照明一次，就可以完全避免运动模糊。之后，祝清源、王浩、丁露锋等几人一起在原型设备上实现了小鼠脑片清晰的高速三维成像，又与徐放等人一起反复迭代改进，制出了比较稳定的设备。他们把这个技术取名叫"VISoR"。

从设备到应用还需要非常复杂的研发，特别是样品处理和数据重构环节，王浩带领沈燕、杨倩茹等人首先尝试了多种小鼠大脑切片和透明处理的方法，发展了一套小鼠样品处理流程。同时，丁露锋和杨朝宇联合中科大信息学院吴枫教授团队和中科院自动化所韩华教授团队深入合作，开发出图像处理和三维重构拼接的算法和软件，所有努力整合在一起才使VISoR成为可应用的技术。

VISoR技术的最大优势在于超高速和可扩展性，它的速度在同像素分辨率下，至少比常规共聚焦成像快上千倍，比成功运用于鼠脑连接图谱解析的STPT和fMOST等技术快上百倍。"正因为如此，刘北明教授和我觉得针对猕猴进行全脑细胞分辨成像是VISoR技术的理想应用，于是我们跟昆明动物所胡新天教授、武汉物数所徐富强教授等团队合作，尝试解析猕猴大脑。但猴脑成像的困难不只在于其比鼠脑大两三百倍的体积，其结构复杂性促生样品制备和透明化都需要考虑新的方法，成像后的大数据更为重构和分析带来新的挑战。"毕国强说。

于是，徐放博士带领沈燕、丁露锋、杨朝宇等人通过坚持不懈地努力，最终建立了一套从样品制备到三维成像，包含数据重构和纤维追踪功能的有效流程（SMART），实现了猕猴全脑成像从0到1的突破。

这一原创性的科研成果问世后获得顶级科学家的纷纷点赞，美国科学院院士、神经生物学与解剖学家、华盛顿大学David van Essen教授点评道："研究团队克服了艰难的技术障碍，实现了完整的数据采集和分析流程，详细绘制出单个猕猴神经元的长距离轴突轨迹和神经连接。该研究是一项技术杰作，标志着我们在猕猴整脑中准确有效地绘制长距离连接的能力取得了惊人的进步。他们的初步观察表明，大脑皮层下方白质中的许多轴突具有出乎意料的复杂轨迹，包含与皮层折叠相关联的急转弯。这一发现可能对理解大脑形态发生和'布线长度最小化'原则具有深远的意义。"

研制脑设施中的关键仪器

毕国强介绍，中心团队正在研制一些关键仪器，其中一项就是进一步完善和发展基于原创 VISoR 技术的三维成像系统，提高稳定性，提供多通道成像能力，实现更加高效的整脑图谱绘制。这套仪器的成功研制，将在模拟动物全脑连接与活动图谱和高精度人脑图谱绘制方向实现国际领先。

脑信息中心执行主任孙坚原研究员负责的"生物样品大尺度光电关联成像系统"，同样是脑设施预研阶段的重要组成部分。该项目致力开发世界首套生物样品大尺度光电关联成像系统，实现毫米级至厘米级样品的纳米分辨率解析。该光电关联成像系统由紧凑型连续超薄切片自动收集系统、多功能数字全景切片成像系统、自研制高通量扫描电镜三部分组成。

毕国强透露："该项目建设包括一台连续切片自动收集器（AutoCUTS）、一台定制的高速大样品腔场发射扫描电镜和一台连续切片荧光显微成像系统。项目建成后，将为脑解析模块微观解析子模块提供关键解决方案，有力支撑神经科学的前沿研究。"

科教融合培养生物科技人才

王立平认为，一流大学要以立德树人为根、创新思维为纲、服务民生为本。要实现这些，就必须有一流的人才。培养一流的人才，就需要有培养一流人才的土壤。深理工生命健康学院首任院长由世界著名神经科学家王玉田院士出任。王玉田院士是加拿大不列颠哥伦比亚大学医学院的终身讲席教授，主要研究方向是神经元之间突触传递可塑性的潜在机制以及在脑疾病中的作用，于 2006 年入选为加拿大皇家科学院院士。生命健康学院以培养适应社会需求、转化能力强的创新型和应用型生物科技人才为己任，专注攻关需求牵引下的特色科研方向。

2020年深理工生命健康学院首届"生命·健康论坛"成功举办

2021 年，先进院脑所与深理工生命健康学院深度融合，从新交叉学科建设、新型人才培养出发，面向未来共同布局；双方团队举办深理工首届生命·健康英语演讲比赛，拓宽学生国际化视野；鼓励学生自发组织"脑·未来""当 AI 遇上脑科学"系列学术沙龙活动，从硕士生到博士后全覆盖，积极营造前沿学术交叉的氛围；针对性开设专业课程，积极推进教学工作，面向联培本科生，首次开设生命科学导论、脑·健康前沿研讨等 8 门基础课程，引导学生构建与时俱进的理论知识框架和科研思路，激发创新实验设计潜能。同时，坚持做好脑与生命健康科普活动下沉，面向深圳中学百名学生、家长于 2021 年 12 月进行首场"脑与健康科学开放空间"活动，展示了深理工先进的办学理念和深厚的师资力量，为扩大深理工的影响力、吸引优秀生源、锻炼师资队伍、推动科普创新活动营造了良好的氛围。

2021 年，期待已久的"中国脑计划"进入落地阶段，科技部正式发布了《科技创新 2030："脑科学与类脑研究"重大项目申报指南》，中国科学将在脑科学的国际舞台上形成独特影响力，先进院脑所必将是其中一支重要的骨干力量。对此，王立平深信不疑。

第二章　建设全球最大合成生物研究基地

合成生物学诞生于 21 世纪初，是一个蓬勃发展的年轻学科，旨在利用工程学的研究体系，改造生命、理解生命，乃至设计生命、合成生命。它一方面为生命科学研究提供了新的范式，另一方面也不断催生具有颠覆性特征的生物技术。

作为深圳先进院合成生物学的领军人物，深圳先进院副院长刘陈立说："随着光明科学城的建设推进，合成生物产业从'楼上楼下'的模式向'中央圈层'模式转变，深圳合成生物学创新研究院聚焦合成生物学领域'从 0 到 1'的原始创新，产业创新中心主要从事'从 1 到 10'的关键核心技术研发，合成生物产业园区是'从 10 到 100'的产业化基地。"

如今，深圳不仅形成了全球最大的合成生物学研究团队、全球首个合成生物学院、合成生物大设施、工程生物产业创新中心、合成生物产业园、合成生物产业基金等围绕合成生物产业化的全链条成果转化创新模式，而且培育出森瑞斯、柏垠生物等一批合成生物产业化成效颇丰的初创企业，未来有望萌出"独角兽"企业。

合成生物学前景广阔

"合成生物"是人类主动构建和创造生命，利用工程学的方法，像组装汽车一样将一系列基因组件设计、组合，最终制造出满足人类需求的生物体。基于合成生物学的生物制造作为一种潜力巨大的新兴生产方式，几乎可以制造日常生活所需的所有东西（包括药品、燃料、塑料等），无疑将推动生命健康、能源、化工等领域的高速发展。

作为合成生物学的发源地，美国一直都是合成生物学最大的开发者和投资者，出台了数量众多的计划和战略。2004 年，合成生物学首次入选《麻省理工科技评论》"全球十大突破性技术"榜单。2006 年，美国在该领域开始大规模投资，美国国家自然科学基金会为新成立的合成生物学工程研究中心提供 10 年共 3900 万美元的资助。2011 年，美国国防部开始布局合成生物学，宣布一项名为"生命铸造厂"的新计划，专注于合成生物学项目的投资与开发。

2022 年 3 月，美国众议院通过《2022 美国创新与竞争法案》，该法案批准了近 3000 亿美元的投资，以全面提升美国的全球竞争力，其中 1600 亿美元用于科学研究和创新，合成生物学位列其中的十大关键技术。

2022 年 9 月 12 日，拜登签署《国家生物技术和生物制造计划》，该计划将在未来几十年内指导美国对具有领导地位和经济竞争力的生物技术领域进行投资。该政令的核心直指合成生物学及其赋能应用。

刘陈立在哈佛大学做博士后研究期间，就对处于科技前沿的合成生物学进行深入研究。2022 年上半年，他在《科技之巅：全球突破性技术创新与未来趋势（20 周年珍藏版）》一书上发表了学术评论，介绍合成生物学发展的前景。他在文中指出，广义上讲，只要有"造"（包括改造和创造）生物系统的概念，就是合成生物技术。按照尺度划分，可以分为五类：一是生物大分子水平的改造或创造，例如 mRNA 疫苗和 DNA 存储技术。二是亚细胞水平的改造或创造，例如构建多酶体系，将甲醇人工合成为淀粉，为未来"空气变馒头"提供可能性。三是细胞水平的改造或创造，例如改造酵母完全合成阿片类药物，未来可能对罂粟种植业产生重大影响；又如改造细菌治疗苯酮尿症和恶性实体瘤，有望革新代谢性疾病和癌症的治疗。四是多细胞水平的改造或创造，例如改造水稻和小麦原生质体，实现作物的精准育种。五是半生物、半机器的杂合体系的创造，例如结合疾病信号的合成细菌和电子传感器的胶囊，实现肠道环境的实时监控；再如融合电子传感器和合成细菌构建的快速自修复的柔性应变传感器，实现指节动作的稳定感知。

刘陈立分析指出，这些合成生物技术能否最终实现突破或应用，往往取决于我们对基础生物学的理解程度。比如，针对"合成细胞"，研究者虽然实现了细菌基因组的全化学合成，并在 2016 年合成了只含有 473 个基因的最小基因组细胞，然而这个"最小细胞"产生的子细胞形态常常畸形。2021 年通过反复试错，放回 7 个基因，才使"最小细胞"的分裂和形态恢复正常。这恰恰证明，我们对细菌的细胞分裂机理还不甚了解，无法对分裂异常细胞进行理性的工程化校正。这些基础的生物学问题，除了依赖生物学自身的发展，也将得益于合成生物学自下而上（bottom-up）的研究体系。我们常常说合成生物学的一大特色是"造物致知"，通过构建生命以理解生命。一个终极的例子就是，采用自下而上的方法合成人工细胞，探索"死"的无生命物质是如何在自然条件下变成"活"细胞的。实质上是在回答"生命是什么"这一根本生物学问题，对于理解生命功能运行机制具有重大的科学意义。合成生物技术围绕这一目标，将引领未来数十年相关产业的科技革命。

超前布局，迎接合成生物学春天

2022 年 5 月 10 日，国家发改委印发《"十四五"生物经济发展规划》，这是我国首部生物经济五年规划，它明确要求发展合成生物学技术，并列出了具体的重点攻克领域以及政策支持方向。

中国科学院院士徐涛公开解读时说："生命科学研究范式正在发生深刻变革，对生物大分子和基因的研究已进入精准调控阶段，从认识生命、改造生命走向合成生命、设计生命。"

根据麦肯锡 2020 年 6 月发布的报告，60% 的物理实体都可由合成生物制造而成。波士顿咨询公司在 2022 年 2 月发布的报告中，直接将合成生物学定义为"颠覆性科技"；到 21 世纪末，合成生物将广泛应用于占全球产出三分之一以上的制造业——按价值计算，约在 30 万亿美元量级。

在刘陈立看来，樊建平院长早在 2014 年就确定要在先进院布局合成生物学，无疑具有非常前瞻性的眼光和灵敏的嗅觉。他回顾道："当时在学术界对 IT 赋能 BT、BT 反过来推动 IT 技术发展，并没有形成共识，IT 和 BT 融合的技术在国内也没有人关注，直到 2020 年，学术界才对 IBT 融合发展达成了共识，那是因为 AI 基于大数据、算法和机器学习，对蛋白质 3D 结构进行了成功的预测。长期以来，蛋白质结构预测进展十分缓慢，对于一个未知结构的蛋白质，若没有同源蛋白质的结构做参考，则需要通过实验来测定其结构信息。谷歌公司 DeepMind 团队的 AlphaFold 在两年一届的'蛋白质结构预测技术的关键测试'中脱颖而出之后，该团队公布了 AlphaFold 蛋白质结构数据库，初始版本包含 21 个模式生物蛋白质组中超过 36 万个预测结构，这些进展对结构生物学技术具有颠覆性意义。由于蛋白质结构与功能是分子细胞生物学的基本科学问题，相关进展必将对生命科学产生深远影响。"

在樊建平超前布局和大力支持下，刘陈立牵头的合成所加快了建设的步伐。当时，先进院二期 F 栋 12 层曾被规划为干实验室，樊建平果断地表示："要支持合成生物学，千万不能等了，我们的发展要快。"于是，就把 F

栋 12 层改造成湿实验室，全部交给合成所的初创团队使用，并加大引进合成生物学人才。

深耕定量合成生物学领域，做开创性研究

刘陈立是深圳合成生物学领域的开拓者和带头人，牵头创建了深圳合成生物学创新研究院和中国科学院定量工程生物学重点实验室。

深圳先进院副院长、合成所所长，深圳合成生物学创新研究院院长刘陈立

他带领团队开拓进取，取得了多项创新性研究成果：定量解析了细菌群体生长与迁移的规律，揭示了生物空间定植的全新机制；发现了肠道微生物定植和复杂群体网络互作机制；定量解析了细菌个体生长与尺寸的定量规律，揭示了细菌分裂受 DNA 复制和生物量累积联合控制的全新机制；开发了新型"子细胞机器"，实现细菌个体生长的同步化；通过合成重构细菌个体，使单细胞自发产生了群体周期性空间结构，不同于过去 50 年中主

导发育生物学的"图灵模型",阐明了一个全新的群体周期性表型形成原理。这些科研成果发表于《自然》《自然微生物学》《美国国家科学院院刊》等国际学术期刊。通过定量解析和合成重构细菌个体和群体表型,理解细菌生长及迁移现象背后的运行原理,示范了定量合成生物学研究由定性、描述性的研究走向定量、可预测、可精准控制的应用。

2021 年 9 月,我国首次召开以"定量合成生物学"为主题的香山科学会议,本次会议由先进院合成所牵头主办。与会专家在合成生物学理论框架方面形成了重要思路与共识:发展定量理论,提升合成生物理性设计能力;既发展以"定量表征 + 数理建模"为基础的知识驱动白箱理论,又发展以"自动化 + 人工智能"为基础的数据驱动黑箱理论,共同推动合成生物科学和技术的变革。

不断涌现基础研究新成果

先进院合成所在基础研究、使能技术、医学应用以及解决国家重大需求方面取得突破性进展。近 5 年,先后承担了科技部重点研发计划、国家自然科学基金委、中科院、广东省、深圳市各级竞争性项目。牵头承担了 16 项国家重点研发计划"合成生物学"重点专项,占全国总数量的13.7%;承担国家自然科学基金委的审批项目 112 项,包括 3 项杰出青年科学基金项目、1 项优秀青年科学基金项目、2 项重点项目、1 项原创探索项目。

2021 年,合成所牵头获批的各层级科研项目共 53 项,其中国家重点研发计划 8 项,合成专项获批数占全国 28%,青年项目占比 50%,位居全国第一;国家自然科学基金项目获批 38 项,获批率高达 35%;博士后项目获批 19 项。通过国家项目的支持,有效地促进了合成所科研水平的发展,形成了一支能承担国家重大战略科技任务的专业队伍，提升了深圳在该领域的核心竞争力。

合成所累计发表论文 450 余篇，其中国际核心期刊论文 360 余篇，产出近 150 项专利，其中国际专利 57 项。在生物功能分子合成进化、基因线路设计原理、酵母染色体合成、天然产物合成、微生物组合成等前沿项目已达到与国际先进水平并跑的水平。

戴俊彪团队以《自然》封面专刊形式同期发表了 5 篇染色体合成相关文章，入选 2017 年度中国科学十大进展；在《自然通讯》上以专刊形式发表了多篇研究型论文，聚焦合成酵母菌株应用的重大突破。Jay Keasling、罗小舟团队在《自然》上发表文章，通过改造酿酒酵母酿出大麻素，相关初创企业估值已超过 2 亿元。周佳海团队在生物合成的酶学机制研究方面陆续取得突破，成果发表于《自然》《自然化学》等期刊。钟超团队利用光响应生物被膜和仿生矿化技术，开发了自修复活体梯度复合材料，成果发表于《自然·化学生物学》上，团队又受邀在综述期刊《自然评论材料》上发表观点论文，首次定义材料合成生物学新兴交叉领域。戴卓君团队提出了一种全新的可快速自愈的活体材料构建思路，成果发表于《自然·化学生物学》上，该成果是研究团队在合成生物学领域融合生物技术与信息技术的一次新尝试。于涛团队关于二氧化碳还原合成葡萄糖和脂肪酸的研究，开辟了电化学结合活细胞催化制备葡萄糖等粮食产物的新策略，为进一步发展基于电力驱动的新型农业与生物制造业提供了新范例，是二氧化碳利用方面的重要发展方向。司龙龙课题组以流感病毒为模式病毒，通过降解病毒蛋白，开发了蛋白降解靶向减毒病毒疫苗技术，该研究成果发表于《自然生物技术》上，为减毒病毒疫苗的设计开发提供了新思路。

合成所科研人员因为出色的工作，获得一项项殊荣。比如，刘陈立荣获第二届中源协和生命医学奖"创新突破奖"、2020 年度中国科学院青年科学家奖、2022 年度深圳市科学技术奖自然科学奖一等奖；戴俊彪研究员荣获我国生命科学领域最具影响力的"谈家桢生命科学创新奖"，戴俊彪团队"酵母常染色体的定制合成与应用"项目荣获深圳市自然科学奖一等奖；周佳海研究员所在的周环酶研究团队获得英国皇家化学会颁发的"地平线奖：生物有机化学奖"。

"造物致知，造物致用"

张先恩曾任科技部基础研究司司长，后受委托担任亚太经合组织首席科学顾问会议中国代表、国家中长期规划战略研究基础研究专题专家组副组长、国家重点研发计划合成生物学重点专项指南专家组组长。

他站在全球生命科学格局的高度，敏锐地为生命科学研究提供了新的范式。合成生物学汇聚生命科学、物理学、化学、材料科学、计算机与信息科学众多学科，结合工程学理念和自动化技术，致力于基因组设计与合成、基因网络编辑、生物大分子元件工程、蛋白质从头设计、细胞工程与智能细胞、多细胞体系设计、人工智能与生物设计、高通量自动化生物制造等技术。核心理论为定量合成生物学（白箱）与机器学习与人工智能（黑箱）。

这种模式为生命科学研究提供了新的范式，即"造物致知"，探讨生命科学的底层规律；同时催生未来生物技术，即"造物致用"，为提升生物经济质量与规模，应对社会可持续发展中的挑战，提供了绿色高效的解决方案。

然而，鉴于生物体系的复杂性，目前生物体系的理性设计还依赖于高通量的"试错"实验，由此出现了"生物铸造工厂"，即高通量生物设计与合成自动化设施。深圳市率先响应科技部的号召，以地方政府投资的模式，于 2017 年 2 月启动"合成生物研究重大科技基础设施"筹建工作。张先恩指出："这个大设施是国内唯一的、设计指标国际领先的'生物铸造工厂',将成为合成生物学研究的利器。"

从无到有,合成生物大设施应运而生

合成生物学被认为是引领"第三次生物科技革命"的颠覆性技术。刘陈立作为首席科学家牵头建设的"合成生物研究重大科技基础设施"(以下简称"合成生物大设施")是一个针对人工生命体智能化设计及自动化铸造的基础大平台。该设施致力突破自动化合成生物研究仪器、试剂、自动化集成技术和工艺方面的瓶颈,不仅与学术界共享,也对产业界开放,为全球合成生物学科研、产业及发起大科学计划提供新型科研服务,如可提供设施使用咨询、项目分析、数据评价、用户导入服务和定制化服务。

鲜为人知的是,先进院在争取建设合成生物大设施的时候,该合成生物学团队只有区区数十人,只是一棵刚刚萌芽的小苗。那么,这个投资近十亿元的大项目,为何能花落先进院这支年轻团队的肩头呢?

2016 年底,傅雄飞回国不久,深圳市向企事业单位征集建设十大科研基础设施的建议,虽然当时合成生物方向并没有进入十大科研基础设施的规划,但曾在美国一流研究型大学求学的刘陈立和傅雄飞都很清楚,合成生物已逐渐成为国际科技的前沿领域。在樊建平院长的支持下,刘陈立跟马迎飞、傅雄飞、黄术强等共同着手准备建议书,参评深圳十大科研基础设施的竞争。

那个阶段,先进院合成所刚开始筹建,只有不到 10 个研究员,为了把建议书写得更有说服力,他们在先进院 F12 会议室进行了无数次"头脑风暴",经常为一份材料熬几个通宵,涉及建设什么样的合成生物大设施,如何惠及产业界和科研人员的需求等一系列前瞻性问题。

"从 2016 年底到 2017 年 9 月，我们写了几十个版本的建议书。2017 年 3 月，深圳市发改委组织专家在北京召开论证会，当时有 20 多个大设施方案参加评审论证，最终要选出 10 个。记得在这个会议上，只给每个项目牵头人两分钟的陈述时间，由刘陈立亲自做介绍，他用极精练的语言介绍了国际合成生物学的发展态势，国家已经列入中长期规划，深圳先进院有 IBT 融合发展的优势，因此可以承担合成生物大设施建设。就是这次评审会，让合成生物大设施项目脱颖而出，这主要得益于专家组成员对科技发展趋势的高度认可，得益于深圳是一座相信年轻人的城市，愿意给年轻人施展抱负的机会。"傅雄飞介绍道。

从美国杜克大学结束博士后研究的黄术强，是加入先进院合成生物学团队的第四位海归。他回忆论证会的评审过程时说："最初，华大生命科学研究院是先进院竞争团队，后来经过多轮沟通，本着未来要把合成生物学领域做得更好、把合成生物大设施真正建设好的共同目的，华大生命科学研究院和深圳市第二人民医院这两家共建单位的团队成员也群策群力，写了几百页的可行性方案，确立由先进院牵头建设合成生物大设施。这个项目设备总投资近十亿元，是全球合成生物学领域首个启动筹建的大型基础设施。在这个过程中，我们合成所团队就形成了团队作战的模式，发挥出先进院合成生物学研究所建制化的优势，通过团队作战、协同创新，共同努力完成重大任务。"

见证并参与合成生物大设施"从无到有"，彰显出先进院海归科研团队科技创新的实力和脚踏实地的科学家精神，他们在深圳这片改革开放的沃土上又一次进行开创性的实践。

傅雄飞透露："我们看到深圳市发改委非常具有创新精神，因为从方案敲定到工作流程的设计，对于他们来说也是全新的挑战。工作作风务实而高效，为合成生物大设施建设提供了有力的支持。2018 年，深圳市批准围绕合成生物大设施建设一个深圳合成生物国际研究院（以下简称'合成创新院'），合成创新院和合成生物大设施'二位一体、同步建设'。合成创新院集中现有优势，负责合成生物大设施的具体实施。"

作为支撑基础科学和多学科交叉研究的公共平台，合成生物大设施将成为全球首个系统整合软件控制、硬件集成与合成生物学应用的重大科技基础设施，兼具科研平台和产业平台属性，能为"从认识生命、改造生命走向合成生命、设计生命"提供全面支撑，能满足合成生物企业可验证、可模拟、可存储、可开发的多元融通创新创业需求。依托合成生物研究重大科技基础设施，能高效搭建创新链与产业链深度融合的通路，不断释放"聚才引企"效应，最大限度地激发创新潜能。

重大科技基础设施已成为加快打造原始创新策源地和破解关键核心技术的重要支撑。未来，合成生物大设施科产衔接，将极大地助力合成生物技术攻关，助推合成生物产业发展。

应用噬菌体对抗超级耐药菌

先进院马迎飞研究员对深圳正在建设的合成生物大设施充满期待，他说："利用合成生物大设施，建设高通量噬菌体合成和编辑平台，将极大地推动我国人工噬菌体的研究工作。"

2021 年 12 月，一名 82 岁男性患者因肺部反复感染进入深圳市第三人民医院治疗。入院前，患者多次使用抗感染药物治疗，已产生耐药性，其肺部感染并未改善，危在旦夕，急需新的治疗方案。

深圳市第三人民医院院长卢洪洲此前与先进院马迎飞团队有过多次合作，病人入院后，他立即联系马迎飞，经过对病人的病情诊断后，商讨决定采用鲍曼不动杆菌噬菌体加铜绿假单胞菌噬菌体鸡尾酒疗法，每天两次雾化吸入，疗程分别为 10 天和 19 天；联合静脉滴注替加环素、哌拉西林他唑巴坦和阿米卡星。治疗不久，患者临床症状和胸片提示肺部感染明显好转。临床研究表明，应用噬菌体临床治疗超级耐药菌的感染具有极好的效果。噬菌体研究也是深圳先进院合成生物所的重点研究领域。

马迎飞介绍，由于我国过去抗生素使用占到全球使用量的一半，48%应用于临床，52% 应用于畜牧业，导致临床上多重耐药菌感染频发，严重威胁人们的身体健康。对抗耐药菌成为科学界面临的巨大难题。有专家预计，到 2050 年我国每年约有 100 万人死于超级细菌感染，而噬菌体合成生物研究为解决这一难题提供了新的思路和方法。噬菌体作为细菌的天敌，2014 年被美国国立卫生研究院列为对抗耐药菌的武器之一。然而，使用野生型噬菌体在临床上有潜在的风险。深圳先进院合成所研究团队正在针对临床用噬菌体进行合成生物学改造，希望能应用人工噬菌体克服临床超级细菌感染。

2021 年，马迎飞申请"噬菌体冻干粉制剂及其制备方法、保存方法和应用""通用噬菌体基因组精简技术和应用""噬菌体制剂的制备方法、药物组合物以及应用"多个发明专利，对噬菌体产业化提前进行专利布局。马迎飞介绍："我们团队已经针对临床常见病原菌建立了专一性噬菌体资源库，包含 1000 多种噬菌体。简单说，临床方面的细菌感染性疾病都可以找到有针对性的噬菌体进行抗感染治疗，库存越大，能治的病也越多。未来，可以通过合成的方式获得更多的人工噬菌体，不断扩大库存。甚至可以为受细菌感染的虾、鱼等养殖动物治病。"

首创"楼上楼下创新创业综合体"模式

"我之前就是在科研单位工作,很少接触到企业。当我的实验室搬到产业创新与转化中心的楼上,两个月内就接触到十多家企业,很快就找到技术落地的新方向。"合成生物研究所易啸研究员告诉中央电视台《经济半小时》节目的记者,"在这里,包括流式细胞仪等上百万元一台的精密科研设备一应俱全,对我们开展最前沿的合成生物技术研发大有帮助。"

"在创新中心帮助下,在过去的两年里,我们完成了4轮融资,累计获得3亿元的投资,公司发展速度异常迅猛,跑到了行业的头部。"深圳赛桥生物创新技术有限公司(以下简称"赛桥生物")创始人商院芳博士在《经济半小时》节目中介绍。成立于2020年3月的赛桥生物,是一家细胞和基因治疗(CGT)智能制造解决方案提供商,专注于CGT行业上游关键制造技术及成套核心装备的源头技术创新和国产化工作,它最早入驻合成创新院创新中心,发展规模增加后,需要更大的产业空间。

为了帮助企业解决发展空间的难题,合成创新院产业创新与转化中心主任罗巍跑遍了光明区,终于找到两栋总面积近5万平方米的大厦作为合成生物产业园区。2021年底,赛桥生物顺利入驻该产业园。

罗巍介绍,像赛桥生物这样成功从创新中心孵化的有10家企业,合成生物产业园开业不到半年,90%的面积就被企业租用了。为了支持合成生物产业的发展,光明区专门出台了"光明区合成生物产业专项支持政策",对入驻产业园区的企业给予租金和装修补贴,资助企业开展技术攻关,资助专业资质认证,支持概念验证中心建设,这是一个非常务实的"政策组合包",对于加快合成生物创新链建设有明显的促进作用。创新中心首创的"楼上楼下创新创业综合体"模式,受到中央媒体和国家发改委的关注和肯定。

百葵锐生物科技总部于 2021 年 5 月入驻光明区工程生物产业创新中心。该公司将生物合成的生产过程模块化，构建出能够"即插即用"的生物元器件，在底盘细胞工厂中高效创建目标产物的代谢路径，为快速设计药物合成路线，合成超级生物催化酶铺平道路。可面向不同应用场景，快速生产高附加值的产品，如生物医药领域的抗生素替代物、人造功能蛋白等。创新中心为企业提供了免租环境及研发场地，并给予企业全方位的贴心服务，如实验仪器设备平台及相关的培训等，能使初创企业低成本、无顾虑地开展产品开发。入驻创新中心以来，公司快速发展，已完成 2 轮融资，产品研发及市场开拓进入快车道。

深圳赛陆医疗科技有限公司致力于开发具有自主知识产权、具备高通量测序功能的新一代上游设备，旨在打造全球领先的超分辨空间组学平台。2021 年 12 月，该公司通过第六批企业遴选，成功入驻创新中心。创新中心为赛陆医疗提供多种尖端科研仪器共享服务，并在产学研合作和融资平台对接等方面给予有力支持。助力该公司先后成功获得锲镂投资 Pre–A 轮融资 5000 万元，与南方科技大学建立了联合实验室，与深圳多家医院建立合作关系。

这样的故事举不胜举。以"楼上楼下创新创业综合体"和"产学研共用大设施"为主要核心，推动合成生物生态产业的建立，这个全过程产业链被形象地称为"沿途下蛋"。

合成所积极探索"科技""产业"两张皮的弥合之路，首创"楼上楼下创新创业综合体"模式，"楼上"科研人员利用大设施开展原始创新活动，"楼下"创业人员对原始创新进行工程技术开发和中试转化，让"穿白大褂的"和"穿西装的"同时出现在一栋楼里，打破了科学与产业的时空限制，架起科研服务产业、产业反哺科研的"双向车道"。该模式推动了更多科技成果沿途转化，开展技术成果商业化应用，缩短原始创新到成果转化再到产业化的周期，形成"科研—转化—产业"的全链条企业培育模式。"楼上楼下"创新创业综合体突破了从基础研究到产业转化的周期"瓶颈"和空间"瓶颈"，有效解决了初创企业缺乏仪器设备平台和技术支撑的问题，让科技和产业"两双巨手"跨越"死亡之谷"紧紧地握在一起。2021 年，该模式被国家发改委作为 47 条"深圳经验"之一，在全国推广。

深圳合成生物产业创新中心首创"楼上楼下创新创业综合体"模式

截至 2022 年 10 月，先进院牵头建设的生物产业创新中心和产业园累计吸引落地企业 33 家，融资总额超 10 亿元，估值近 94 亿元，深圳合成生物产业已形成一定集聚规模。

成功举办工程生物产业大会

一场合成生物领域的专业会议，竟吸引线上线下超过 530 万人次观看，学术论坛现场更是一票难求。这样的火爆场面让罗巍暗暗吃惊，也震惊了国内合成生物界。

2021 年 12 月 23 日，中国合成生物学学术年会暨第三届工程生物创新大会在深圳成功举办，政府、科研、教育、产业、资本方代表齐聚一堂，共同研讨中国合成生物学领域颠覆性技术、产业发展现状和未来趋势，助力我国合成生物产业迈向国际舞台。

这次会议由深圳市发展和改革委员会、深圳市光明区人民政府、中国生物工程学会合成生物学分会、深圳理工大学、深圳先进院联合主办，旨在打造具有全球影响力的合成生物创新交流平台。为严格遵守疫情防控要求，大会采取"线上 + 线下会议 + 云直播"多样形式。

中国科学院、清华大学、上海交通大学等高校，蒙牛、华恒生物、金斯瑞、华熙生物、亚马逊、蓝晶等企业代表以及高瓴资本、经纬资本、深圳天使母基金等资本代表作为与会嘉宾共商共议新机遇。其中，蒙牛集团总裁兼执行董事卢敏放、高瓴资本合伙人张磊、经纬创投创始管理合伙人张颖等人从产业及资本运营角度为合成生物学发展带来真知灼见。

罗巍介绍，这个工程生物产业大会已连续成功举办三次，是国内首个相关类型的产业大会，2020 年与会人数 600 余人，2021 年与会总人数再创新高。至此，大会已成为我国合成生物领域最高规格、最高水平、最高参与度的特色品牌盛会。2021 年大会由主论坛和两个平行分论坛组成，议题设置多样，嘉宾组成互补，从合成生物技术、产业的发展现状到合成生物学在社会环境领域的最新应用成果，再到拓展合成生物应用的边界与撬动巨大的经济价值，全球合成生物学领域的重量级科学家与青年学者、商业领袖及投资机构均进行了热烈探讨与深度分析，还共同见证了中国生物工程学会合成生物学分会青年工作组的成立。合成生物学各方力量逐步在深聚集。

"除了会议受关注度高，对招商引资的效果更为显著，"罗巍说，"我们安排入孵的企业在大会上进行路演，多家风险投资机构就在会议现场观评，这对企业融资帮助很大。会议结束后，很多合成生物类企业纷纷要求加盟，截至 2022 年 10 月，已经有 9 个批次共 95 家企业参与创新中心和产业园的企业遴选。"

2023年，在光明科学城举办的第四届工程生物创新大会现场

合成生物已从 10 年前方兴未艾的阶段发展到如今欣欣向荣的规模，超越早期研发慢慢渗入人们的衣食住行方方面面。

合成生物学是一个全新的科研领域，包含从 0 到 1 的原始创新，并蕴含着上千亿元的产业机会，这对企盼揭开生命奥秘和改变世界的人类来说，无疑具有巨大的吸引力，巨大技术潜力和社会效能将极大推进中国经济转型。先进院不仅要在学术上有更强的引领优势，还要积极抢占国际合成生物产业新一轮竞争的先机，充分发挥科研机构源头创新能力，为深圳经济繁荣、国家科技发展做出重大贡献。

　　刘陈立乐观地预测，按照目前的发展趋势，合成生物技术有望在未来10 年为癌症、遗传病、传染病等临床需求提供有效治疗手段，也有望在应对突发公共卫生事件、气候变化、环境修复、维护生物多样性等方面提供重要解决方案。

第三章　抢先布局新材料前沿学科

新材料作为国民经济先导产业及国防工业的重要保障，未来将成为各国战略竞争，特别是大国角逐的焦点。深圳的电子信息产业和先进制造产业发达，也是我国新材料的核心生产基地，对新材料需求十分旺盛。因此，深圳加快发展新材料产业，对保障我国经济增长意义十分重大。

"电子信息产业是深圳的支柱产业，而高端电子材料是电子信息产业最薄弱的基础环节之一，依托深圳先进院材料研究所成立深圳先进电子材料国际创新研究院（以下简称'电子材料院'），就是要弥补这一短板，致力于高端电子材料产业化，目标是建成为国际一流的先进电子材料技术研发与转移转化平台。"深圳先进院材料研究所所长、电子材料院院长孙蓉博士语气平静而坚定。

高端电子材料国产化任务紧迫

"所有的集成电路芯片布满成百上千个元器件，在完成前道工艺之后都要将其封装起来，好比电子产品的大脑。而封装材料则起到支撑、保护各分区脑回路之间相互'对话'、热设计与热管理等重要作用。"孙蓉说，"近年来，摩尔定律面临挑战，集成电路产业对芯片轻薄化、小型化、多功能、低功耗的需求有增无减，因此，电子封装技术需要不断创新突破，支撑整个芯片封装制造工艺过程。先进封装（异质集成）是'后摩尔时代'的关键。"

虽然我国已经成为全球最大的电子信息产品制造基地，但高端电子封装材料仍是该产业链的最薄弱环节之一。因为这类材料纯度要求高、分子结构复杂、技术门槛高，国内厂家生产以中、低端材料为主，高端电子材料国产化率仍然偏低，无法满足高端芯片制造的需求，高端封装材料基本从日本、欧美进口，核心技术受制于人。

业界对高密度封装技术的研究与产业开发已经持续30多年，著名机构包括比利时微电子研究所、新加坡微电子研究所、中国台湾工业研究院等。总体而言，我国在相应领域处于"跟随"阶段，尤其是高端封装材料，大多停留在基础研究阶段和实验室阶段，而且研究方向比较零散、成果转化能力较弱。相反，日本的相关企业始终坚持"材料是产业发展的基础"，垄断大部分与高密度封装相关的高端材料和关键原材料，被誉为产业界的"隐形冠军"，这也是日本集成电路行业和电子产品始终保持较强竞争力的原因。

既然高端电子材料对于国民经济发展有如此重要的作用，为何我国高端电子材料的研发生产一直处于中低端水平呢？主要原因在于国内集成电路产业起步晚、产业链不完善、缺乏测试验证平台、科研人员和集成电路企业缺乏交流、未形成学科深度交叉，而且专业人才缺口极大。

孙蓉介绍："材料研发是个漫长过程，其中一个重要环节是国内终端用户需要给予材料研发企业试错的机会，由于我国整体产业链相对落后、'试错'成本偏高等原因，给国内材料企业和科研机构提供的测试验证机会十分稀少。近年，随着全球贸易环境的骤然变化，供应链多元化成为必然趋势，材料研发机构迎来新的发展机遇，国内一些大型电子信息企业纷纷采购国内的元器件和材料产品。"

迎难而上组建材料研发"尖刀连"

早在 2006 年孙蓉刚入职先进院，加盟杜如虚教授领衔的精密工程中心时，就在先进院宽容、创新的体制机制与文化氛围支持下，从零开始组建先进电子材料研究中心（以下简称"材料中心"），主要从事先进电子封装材料及成套工艺研究。作为团队创始人和带头人，她分析判断，材料中心要落地生根最重要的任务是服务地方的支柱产业，深圳电子信息产业"一业为大"，服务地方产业是选择这个方向的核心依据。更重要的是，材料中心作为第一批封装材料团队在 2008 年获得了科技部 02 专项子课题的支持（深圳市深南电路有限公司牵头的封装基板产业化项目和中国科学院微电子研究所牵头的高密度三维封装先导项目）。方向选准，势如破竹，团队坚持了十多个年头。

深圳先进院材料所所长、电子材料院院长孙蓉

"举个例子，埋容材料的开发是由国内印制电路板（PCB）龙头企业深南电路股份有限公司提出需求，在科技部 02 重大专项的支持下展开的。我们团队从实验室配方开发一直做到中试放大工艺，并通过多家 PCB 企业的工艺验证，之后租用量产设备完善了批量生产工艺。2019 年，该项技术向我国覆铜板龙头企业授权，正式进入商业化阶段，进入头部公司产业链，在一定意义上保障了电子产品供应链的技术安全。"孙蓉自豪地说。

又如，材料中心核心成员已加入深圳先进院材料所副所长、电子材料院副院长张国平的团队，正式专注于晶圆级封装（WLP）关键材料的研发与应用工作。他们的核心技术是超薄晶圆加工用临时键合材料，这种功能性高分子材料可以支撑百微米甚至更精细的超薄晶圆加工。张国平是一名"80 后"研发人员，谈及临时键合材料显得异常专业和沉稳："如果没有临时键合材料的支撑，超薄晶圆在加工过程中的破损率将会显著提高，导致单颗芯片的成本上升，最终难以实现规模化量产。国内芯片公司使用的临时键合材料长期依赖进口，严重影响我国集成电路产业链的安全。"

张国平已经记不得在实验室度过多少个不眠之夜，尤其是为了解决客户在实际应用中不断提出的技术迭代需求。他带领团队一次又一次地回应，前前后后向客户送了 70 多次样品，每次都有性能上的改进，直至获得客户认可，让临时键合材料从实验室走向产业化应用。他们是目前国内唯一在相关领域能提供整套解决方案的团队。"我非常感谢客户给我们提供材料验证和试错的机会。我认为，只要客户还愿意试用你的材料，你就不能停下改善的脚步，也不要被无数次的失败所吓倒，相信总有柳暗花明的一天，最终也必将迎来'备胎转正'的机会。面向高端电子材料研发，只有埋头苦干这一条路，没有任何捷径可走。"张国平这种敢于"啃硬骨头"的精神，激励着他的团队成员不断努力解决更多"卡脖子"问题。

像这样的例子不胜枚举，材料中心的研究方向来自产业界的需求，科研人员将企业的需求分解成不同的科学技术问题，帮助解决企业工程难题，便于企业更快速落地产业化。

深圳市半导体产业崛起和腾飞的关键因素是人才的培养和引进。2012年，孙蓉作为执行负责人，成功引进并获批先进电子封装材料广东省创新团队。核心成员包括许建斌、李世玮、吕道强、廖维新等国际电子封装领域资深专家，在项目执行过程中，培养了一批青年科研骨干。

由于建立了一支电子材料领域敢于打硬仗的"尖刀连"，材料中心还承担了国家重点研发计划——"战略性先进电子材料重点专项"，建立高精度微观热界面测试系统，开发高性能聚合物基和碳基热界面材料，实现其在高功率密度电子器件中的典型应用，为我国新一代战略性电子器件的开发与应用提供强力支撑。

主动出击，搭上深圳研究机构建设的"末班车"

相比之前的"脑院"和"合成创新院"，电子材料院的诞生更为惊险曲折，受益于孙蓉率领的这支"尖刀连"，才搭上了深圳基础研究机构建设的"末班车"。

2017 年 5 月的一个星期日，中国工程院原副院长、国家新材料战略咨询委员会专家组组长干勇院士率队到深圳先进院考察粤港澳大湾区教育事宜。孙蓉"见缝插针"临时"挤"出时间，专门就材料中心开展了 10 年的先进电子材料研发工作做了简短汇报。干勇院士表示，这个领域的科研工作非常重要，因为粤港澳大湾区聚集了一大批先进电子信息材料的终端用户，而我国在电子材料研究方面却很薄弱，因此对先进院组建的 200 多人的科研团队和相关研究成果表示由衷赞赏。

此后，孙蓉带领张国平等团队核心骨干多次前往北京，向干勇院士汇报科研进展情况。2018 年 1 月，干勇院士到深圳先进院实地考察先进电子材料团队的建设情况。回北京之后，他给时任深圳市委书记王伟中写了一封信，建议由深圳先进院牵头，借助香港中文大学、香港城市大学等科研力量，同时联合华为、中兴、深南电路等骨干企业，组建"深圳先进电子材料国际创新研究院"。通过体制机制创新，建设"产业需求—材料制备与成套装备—产业应用"的闭环创新链。

2018 年 3 月，王伟中书记带队到先进院实地调研，听取脑所、合成所、集成所先进材料研究中心（当时还没有成立材料所）的工作汇报，了解了先进院在先进电子封装材料、5G 通信关键材料等领域所取得的重要科研成果。此后，孙蓉带领团队到科创委汇报沟通了十余次，有一次汇报时间超过 4 个小时。当时一位有关领导问她："清华、北大也有新材料团队，你们的科研有什么不一样的地方？你们究竟是想搭'戏台子'，还是组个'戏班子'？如果只是弄个'戏班子'，给你们科研项目支持就行了；如果要搭'戏台子'，你们有什么具体的设想？"

为了回复这个问题，孙蓉团队专门起草了一份言辞恳切的信函。"'十三五'期间，深圳市建设重大基础设施和新型研究机构的本质是支持具有示范聚集效应的平台建设，属于建设'戏台子'性质，而不是简单的支持项目人才团队，这涉及引进'戏班子'问题。我们就是希望根据深圳市的电子信息产业特色、产业需求和我们团队的研究基础，搭建电子材料院这样一个'戏台子'，除了基础研究，还包括电子材料测试平台、材料中试放大平台、电子材料器件验证平台等。所以，这个'戏台子'搭好后一定能吸引深圳市乃至全国的电子材料企业、芯片制造企业、终端用户企业参与合作。"

经过与多支实力颇强的科研团队的激烈竞争，2018 年 8 月，电子材料院成功获批，由深圳先进院负责牵头建设。这时，深圳市十大基础研究机构的申报工作接近尾声，电子材料院能搭上"末班车"，得益于干勇院士高瞻远瞩的战略思维，得益于深圳市委、市政府高度重视新材料产业，舍得投入。

电子材料院落户宝安区

广东在国内电子信息产业领域处于领先地位，深圳布局电子封装材料的完整创新链条，完善深圳高端电子封装材料产业链，有利于进一步带动粤港澳大湾区乃至全国集成电路产业发展。在此背景下，电子材料院应运而生，这得益于深圳市委、市政府的大力支持和市科创委的直接指导。该院由深圳先进院与宝安区政府合作共建，致力攻坚以封装材料为代表的集成电路中后道高端电子材料国产化。

宝安作为产业大区、制造大区，此前没有一所高端科研机构做支撑，为了加快补齐源头创新短板，更好地服务于制造业高质量发展，宝安区委、区政府高度重视，凝聚多方合力，推动电子材料院于 2019 年 6 月落地宝安。

深圳市发改委主任郭子平时任宝安区区长，她回忆道："在推动电子材料院落地的过程中，我们重点考量两个方面：一是研究院的综合研发实力。深圳先进院是深圳的科技'国家队'，电子材料院则是依托深圳先进院所属的广东省先进电子封装材料创新团队和先进电子封装材料国家地方联合实验室组建，而且团队的实力和作风得到当时市主管部门的一致认可。二是与地方产业匹配，能更好地促进产业高质量发展。宝安的主导产业是电子信息业，电子材料院研究方向与宝安产业有很高的契合度，以 5G 为核心的新一代电子信息领域的技术创新和产业集聚将给宝安带来重大机遇。"

"我在宝安任职期间全力支持电子材料院的建设。管理机制上，电子材料院独立注册为市级二类事业法人单位，实行理事会领导下的行政领导人负责制。理事长由深圳先进院院长担任，设 3 个理事单位，由深圳市科创委、深圳先进院和宝安区政府组成，经理事会审议通过后由先进院任命院长。经费支持上，电子材料院在一期（2019 年 1 月 1 日至 2023 年 12 月 31 日）建设期间，每年接受理事会年度考核，区里根据考核结果以及市科创委资助资金到位情况，按照 1：1 安排当年配套资金。平台建设上，推动集成电路高端封装材料'理化—检测—中试—验证'全链条闭环平台建设和使用，积极申报省级和国家级集成电路材料技术创新中心。产业合作上，支持与终端龙头企业开展电子材料的国产替代研究，临时键合激光响应材料已正式进入商用供应链；与强力新材、风华高科等 6 家头部企业共建联合实验室或联合创新中心，发起成立粤港澳大湾区先进电子材料技术创新联盟、宝安区 5G 产业技术与应用创新联盟。"郭子平介绍，"我是看着电子材料院出生和成长的，希望电子材料院在集成电路领域继续攻克难关，发挥平台效应，形成集聚优势，在全市乃至全国研发和产业布局中发挥更加重要的作用。"

2020年12月30日，电子材料院园区正式开园

由此可见，电子材料院选址深圳宝安区，将最大化地放大宝安电子信息产业的核心优势，为宝安、深圳乃至粤港澳大湾区的科技产业发展和全球顶尖人才集聚发挥最佳的产学研一体化的桥梁作用。

先进电子材料要在深圳实现"突围"

"中央明确提出'推动产业结构迈向中高端，制造业是我们的优势产业'，必须坚持创新驱动、智能转型、强化基础、绿色发展，从制造大国转向制造强国。我国先进电子材料发展的挑战和机遇，要在深圳实现'突围'。"干勇院士坚定地说。

2019 年 4 月 27 日，在宝安举办的首届粤港澳大湾区先进电子材料高峰论坛上，干勇院士发表了题为"建立粤港澳大湾区电子信息材料技术创新体系，支撑制造业强国建设"的主题演讲。他指出，深圳是全国最大的电子信息产业基地，地域优势凸显，深圳要依托深圳先进院和电子材料院，建立粤港澳大湾区先进电子材料技术创新体系，运用好深圳市的实体产业优势，完善粤港澳大湾区优势互补、协同发展的战略布局。来自全国多所高校的教授、院长及企业代表，共同规划了粤港澳大湾区在先进材料产业方面的推进工作。

粤港澳大湾区的建设提速，助力先进电子封装材料研发的快速发展。值得关注的是，高密度电子封装材料与器件联合实验室在 2018 年中国科学院与香港地区 22 个联合实验室评估中，获评"优秀"（综合评分排名第一）。作为联合实验室中国科学院方面的负责人，孙蓉谦虚地说："先进电子封装材料技术门槛高、应用性强，我国在此方面较为薄弱，需要更多研究力量一起攻坚克难。深圳与香港比邻，有非常好的智力与产业优势，我们只是做了一些深港科研机构联手合作研发的有益探索，目前阶段的效果令大家满意。"

高密度电子封装材料与器件联合实验室成立于 2011 年 3 月，由深圳先进院先进材料研究中心孙蓉团队和香港中文大学院士团队共同组建，2012 年被认定为"中科院—香港地区联合实验室"。实验室以先进电子封装材料及成套工艺为核心，聚焦电子封装材料的电学、热学、力学等关键科学问题，具体包括高密度倒装芯片关键材料、高性能热界面材料、3D-IC 互联集成关键材料、埋入式功能材料、高密度高频基板基础材料、气密性封装材料与工艺。

"我们立足于基础研究，致力于产业化，两个团队之间密切互动、优势互补，每个小组的成员都要给联合实验室主任和我提交工作周报，每个季度要召开学术研讨会。"孙蓉介绍，"通过我们和院士团队的紧密合作，双方已在先进电子封装材料领域形成了良好的学术与产业影响力。"

联合实验室现有实验室场地 2100 平方米，已孵化深圳市化讯半导体材料有限公司等高端电子材料公司。在电子级纳米球体二氧化硅材料、倒装芯片底部填充胶材料等方面制定企业标准 12 件；完成晶圆减薄临时键合胶材料全链条解决方案，并实现成果转化。

8 年来，联合实验室取得一系列研究与产业化成果，为粤港澳大湾区的科技建设进行了有益探索。先进电子材料这种高技术领域的研发，需要大湾区的学术与产业界共同努力，进一步提升我国高端电子材料国产化自主能力。

用过硬技术为龙头企业赋能

随着全球贸易环境的骤然变化，本土材料企业获得新的发展机遇，如果单纯依靠企业自身的研发团队，无法及时完成一些研发任务。为了尽快满足国内产业对高端电子材料的需求，龙头企业寻求科研机构的新技术，先进院材料所成为龙头企业前进路上的志同道合者。

以片式多层陶瓷电容（MLCC）材料为例：2020 年，材料中心团队与国内 MLCC 龙头企业广东风华高科共同成立"先进电子元器件材料联合创新中心"，围绕高容、高压、高温、高可靠性、超微型 MLCC 及钛酸钡基原材料国产化研发过程中的"know-how"等科学问题展开联合攻关，解决被称为"电子工业大米"的 MLCC 关键难题。同时，承担国家自然科学基金、广东省自然科学基金、深圳市学科布局等各级科研项目 10 余项；承接国内知名 MLCC 龙头企业多项横向课题，并与终端用户保持紧密的产学研合作关系。

材料中心团队针对国内 MLCC 企业及终端用户对高性能电介质材料和微型 MLCC 的迫切需求，开展薄层化、微型化器件及关键材料的研究工作。建立国产原料选型平台，开发出具有高温介质特性材料体系，突破传统 MLCC 的基材体系及性能极限，发展苛刻环境下稳定工作的 BXT 介电陶瓷新体系，研发具有自主知识产权的高性能温度 / 电压稳定型电介质材料；建立国产高端 MLCC 膜片分析平台，开发高容高压的高熵瓷介材料体系；建立国产高端 MLCC 器件电性能及失效分析平台，探索预测高容高温 MLCC 的寿命、失效分析方法及技术标准。截至 2022 年 6 月，该团队建立 MLCC 小试线及涵盖粉体、瓷粉、浆料、器件的性能测评线，撰写和发表论文 30 余篇，已申请核心技术发明专利近 40 件。

除了跟龙头企业成立联合创新中心，电子材料所还积极与企业成立多个联合实验室，用过硬技术为企业赋能。先进院材料所光子信息与能源材料研究中心主任杨春雷介绍："推动科研成果的产业化，是先进院的特色文化，我们中心也秉持先进院的基因，分别与 TCL、宏大真空、华星光电等行业龙头企业建立了 5 家联合实验室，研发经费累计达 1500 万元。联合实验室的成果助力了企业的原创研发技术，多项装备技术和镀膜技术已经成功向商丘鸿大光电、深圳森泰纳米和中山镭通激光等企业转化，服务于国民经济主战场。"

比如，光子信息与能源材料研究中心与湖南宏大真空技术有限公司已经开展了 5 年的合作，在第一期合作时，科研团队获得 300 万元研发经费，团队以真空镀膜方面的工艺技术先后开发出多套应用于光伏电池和手机触摸屏的镀膜产线设备，产生了良好经济效益，并帮助企业晋升为"国家企业技术中心"，大幅提升了企业在行业中的影响力和技术实力。如今，双方已经续签了第二期联合实验室的合作，企业继续投入 300 万元研发经费支持。

又如，该研究中心与鸿大光电成立"光电材料产业创新转化中心"。鸿大光电集团主要从事光伏玻璃生产，先进院团队将光电薄膜方面的 2 项专利转让给企业，帮助企业在高透明光伏玻璃以及彩色高透光玻璃上实现从材料到镀膜工艺的突破，促进产品的升级换代，从传统的加工型企业转型为拥有核心技术的高科技企业。

"在与企业的合作中，我们充分发挥'扎根思维'和'辐射效应'。一方面，要扎根于自己的核心技术，围绕'薄膜材料'这个核心能力向下扎根；另一方面，要充分利用辐射效应，努力伸展出更多枝叶和触角，面向产业的多场景需求，尝试将核心技术与更广泛的领域进行对接，通过交叉融合和集成创新为企业赋能，进一步增强自身核心技术实力。"杨春雷大胆拥抱产业的做法也为团队的发展带来了更多机遇和资源。

带动国产装备快速发展

材料离不开装备，装备离不开材料，这是每一个"材料人"都明白的道理。高端电子封装材料过去一直依赖进口设备，为了突破这个技术壁垒，先进院团队决定与大族激光携手开发激光解键合设备，解决产业痛点。

张国平介绍，开发高端晶圆减薄临时键合光敏材料，以材料研发带动关键装备研制，形成一整套临时键合技术的国产化解决方案，将保证我国5G高端芯片的产业链安全，实现高端芯片制造自主可控，突破技术阻碍刻不容缓。

电子材料院联合大族激光联合开展高端芯片减薄工序临时键合光敏材料及关键装备研究，从材料和装备出发，开发出两款材料产品（面向高端芯片减薄工序的临时键合光敏材料和临时键合粘结材料）和一款装备（紫外激光解键合设备），均具有完整的自主知识产权，可对我国5G芯片终端企业实现稳定供应。

"以材料研发带动相关装备研制，已经形成了一套行之有效的经验做法，未来我们还会继续开展更多高端装备的研发工作。"张国平透露。

探索"联合攻关体"模式，发力高端材料国产化

集成电路产业属于国家核心战略产业，先进集成电路技术代表国家核心竞争力。由于"摩尔定律"接近物理极限，微型化和多功能化集成电路成为发展新引擎。在先进封装技术方面，以晶圆级封装为核心的中道技术成为竞争焦点，高密度晶圆级扇入、晶圆级扇出、以硅通孔（TSV）和高密度再布线（RDL）为核心的2.5D、3D IC集成技术迅速发展。其中，高密度再布线工艺能力迅速提升，线宽线距从原$10/10\mu m$微缩到$2/2\mu m$以下，可支撑高端芯片和产品的广泛应用，特别在智能手机、5G通信、物联网、高性能计算、存储、大数据、航空航天电子等领域具有不可或缺的重要意义。

作为晶圆级封装的核心材料，光敏聚酰亚胺（PSPI）是一种兼具光刻功能和特种功能的聚酰亚胺材料，凭借优异的机械、介电、耐热、耐腐等性质，被广泛用于集成电路芯片表面钝化以及晶圆级封装、面板级封装（PLP）的表面再布线工艺，在复杂的芯片封装结构中起到应力缓冲、降低介电损耗、拓展芯片封装面积、保护芯片等作用。目前，我国在 PSPI 技术领域的基础研究尚处于起步阶段，国内还没有一家材料公司有能力实现规模化商业供应。因此，PSPI 国产化制造需求迫切。

张国平语速急迫地说："我国每年向日本企业采购约 20 吨的 PSPI 材料，此类材料无法通过自主研发实现国产化供应的现状，正严重地制约着我国集成电路先进封装产业的发展，进而对上游的集成电路制造以及下游的 5G 通信、消费类电子等关乎国民经济生活的战略性产业造成了系统性风险。"

为了破解光敏聚酰亚胺材料的难题，2020 年 12 月，电子材料院与常州强力电子新材料股份有限公司（以下简称"强力新材"）正式签署战略合作协议，成立先进电子封装材料联合攻关体，旨在共同推进先进封装电子材料的基础研究与产业应用。

强力新材是全球光刻胶专用电子化学品及感光材料的主要供应商，自主创新的印制电路板干膜光刻胶及平板显示彩色滤光片光刻胶销售居全球前列，不仅填补了国内空白，相关知识产权布局也为光刻胶全产业链国产化提供了重要保障。

根据电子材料院和强力新材的合作协议，双方将成熟技术转移的知识产权股份化收益分配前置到项目研发阶段，探索虚拟"股份制"合作创新模式。电子材料院以科研条件、知识产权、研发团队等要素投入估值 5100 万元，占"股"51%；公司投资现金 4900 万元，占"股"49%，共计 1 亿元开发光敏聚酰亚胺材料。同意以"增资扩股"形式吸纳更多合作伙伴进入联合体，广泛调动市场资源。这种联合攻关体的合作创新模式开创了科研机构与产业界"股份制"管理研发项目的先河，打破传统"一对一"封闭式横向项目合作的禁锢与限制。

"研发阶段以电子材料院为主导，后期技术转化以公司为主导，为从研发到量产设计最合理的路径。"张国平介绍，"与企业建立联合攻关体，在项目初期就约定企业与研究机构的出资比例，在中试转化时按照投入比例分成，吸引社会资本参与，减少政府财政的投入。联合攻关将加速推动我国先进封装材料的技术研究与应用，尽早实现我国半导体先进封装材料的国产化。"

令人振奋的是，张国平牵头的"面向晶圆级先进封装的低温固化光敏聚酰亚胺材料制备及构效关系研究"，于 2022 年初获批国家自然科学基金项目支持。相信在产业界、科技界的共同努力下，实现光敏聚酰亚胺材料的国产化指日可待。

电子材料院稳步发展

电子材料院面向我国集成电路产业需求，以芯片级封装、晶圆级封装关键材料技术研发与应用为核心，搭建完善的材料研发、检测、中试和加工验证平台，不断深入探讨和践行产学研合作模式。

有关专家介绍，除了临时键合胶、光敏聚酰亚胺等材料，整个芯片制造封装环节需用到的电子材料有上千种，缺乏任何一种，都将影响到供应链的安全。因此，相关材料研发还需要全社会投入，尤其需要在检测验证平台方面弥补短板。

2021 年，张国平牵头负责建设"先进电子封装材料工艺验证平台"子平台——晶圆级封装工艺验证平台，获得市、区两级政府的大力支持。他说："IC 封装材料的测试和验证环节都依赖客户端完成，而客户端的产能和机时非常紧张，为了补齐 IC 封装材料产业链这一短板，我们电子材料院将建设首个先进 IC 封装材料'研发—检测—中试—验证'全闭环平台，并向业界开放。目前，很多材料企业对此闭环平台都有非常强的需求，一些单点工艺平台已经开始对内服务、对外开放了。"

如今，在深圳市科创委、发改委、宝安区的大力支持下，电子材料院已初步建成我国首个集成电路高端封装材料"研发—检测—中试—验证"全链条闭环平台，彰显了"深圳速度"，打通先进电子封装材料应用的"最后一公里"，助力先进电子封装材料的创新发展，培育和托举先进电子封装材料的龙头企业。

近年来，该团队围绕电子封装材料中的基础科学问题开展持续攻关，累计发表论文 870 余篇，其中科学引文索引（SCI）论文 520 余篇，工程索引（EI）论文 300 余篇，2021—2022 年度国际电子封装技术会议（ICEPT）会议论文接收数量连续两年位居全国第一。累计申请专利 740 余件，专利授权 270 余件。

在人才引进方面，电子材料院已建成包括国家级人才、研究员、高级工程师等 403 人的研发团队。全职员工 223 人中，包括副高级以上 42 人，青年科研骨干 181 人。员工中博士研究生学历占 62%，48 名为深圳市高层次人才（含院士 1 人、国家级特聘专家 1 人、国务院政府特殊津贴获得者 1 人）。另有在读硕博研究生 180 人，是我国目前规模最大的一支整建制专注电子封装材料研发与应用的团队。

在产业合作与服务方面，电子材料院与头部企业成立联合实验室、联合创新中心共 6 个，共同开展科技攻关与国产替代研究，在产业界达成超过 1 亿元的横向合作，市场化运作模式已经基本形成。电子材料院发起成立粤港澳大湾区先进电子材料技术创新联盟、宝安区 5G 产业技术与应用创新联盟，举办"第四届全国介电高分子复合材料与应用学术会议"等十余场大型论坛活动，集聚会员企业共 103 家；孵化高端电子封装材料企业 3 家，吸引化讯半导体、聚芯源、鸿富诚等 6 家企业落户宝安龙王庙科技园区，初显集聚效应。

第四章 紧抓碳中和产业发展的黄金机遇

2021年8月，联合国政府间气候变化专门委员会（IPCC）发布名为《气候变化2021：自然科学基础》的报告，指出人类活动正导致全球气温上升，目前全球地表平均温度较工业化前高出约1℃，预计未来20年上升的平均温度将达到或超过1.5℃。全球变暖再次给人们敲响气候变化的警钟，提醒各国要采取积极务实的措施应对气候变化的挑战。

中国科学院院士、深圳先进院碳中和研究所所长成会明

作为先进院碳中和技术研究所（以下简称"碳中和所"）所长、深圳理工大学材料与能源学院名誉院长，中国科学院院士成会明非常清楚全球碳达峰、碳中和面临的巨大压力，对先进院筹办的碳中和所寄予厚望。他说："碳中和所的成立，不仅是为了助力粤港澳大湾区实现碳中和目标，更是为了抓住全球实现碳达峰、碳中和的契机，发展相关的尖端技术，繁荣大湾区碳中和经济。碳中和技术的发展和突破势必带来新一轮产业革命，使我国在能源结构转型中占据优势和主动。"

碳中和背景下，能源材料具有重要应用价值

目前，全球已有 140 多个国家承诺到本世纪中叶实现碳中和，其中 130 多个国家设定于 2050 年实现碳中和的目标。我国在 2020 年 9 月也明确表示二氧化碳排放力争于 2030 年前达到峰值，努力在 2060 年前实现碳中和的目标。中国作为全球第二大经济体和最大的碳排放国，碳中和目标的提出将对提振应对全球气候变化的信心、实现全球温控目标产生深远影响。

能源消费产生的碳排放占我国二氧化碳总排放的 85% 以上，碳中和背景下，我国的能源相关领域将迎来一场前所未有的变革。

我国是全球第一的风电及光伏大国，同时也是全球多晶硅、单晶硅、电池和组件产量最高的国家；已形成全球增速最快和最大的新能源汽车市场，正在推进交通行业从燃油向电气化转型；已开始全球最大、最复杂、发展最快的新型电力系统建设，包括大规模可再生能源并网、特高压远距离输电、电网控制、车网互动等技术；已参与"一带一路"可再生能源国际合作，形成电力境外工程总包、境外建厂、境外并购、境外研发为主的可再生能源国际开发合作模式。我国这些产业的规模化战略优势，为碳中

和的实现奠定了良好基础。

　　成会明院士指出，尽管成就有目共睹，但我国要实现碳达峰、碳中和的宏伟目标，依然面临巨大压力，碳中和目标的实现强烈依赖高性能能源材料及器件的发展。能源材料的基础科学研究和应用技术发展受到各国政府、学术界、工业界的高度重视，它在高性能、小型化、多功能、节能环保，甚至自驱动、柔性可穿戴等方面具有显著优势。以碳材料为例，富勒烯和石墨烯分别获得 1996 年诺贝尔化学奖和 2010 年诺贝尔物理学奖得主的肯定，发达国家对以石墨烯等为代表的新材料高度重视，均投入大量财力用于基础研究和应用开发。2019 年诺贝尔化学奖授予锂离子电池研究领域的三位先驱人物，以表彰他们在该领域的突出贡献。总之，能源材料在太阳能利用、能量存储、能源转换以及二氧化碳捕获与转化等领域具有重要的应用价值。

　　我国是石墨烯、太阳能转化、储能电池研究和生产的大国，每年在相关领域发表的学术论文和申请及授权专利的数量已经居于世界前列。随着我国新能源、新材料等技术的快速展开，将有可能占领国际能源材料制备与应用技术制高点，并获得对相关市场的话语权。然而，我国在碳中和能源材料领域的研究更偏重于材料的制备与生产，处于产业链的上中游，能源材料的基础理论研究和相关器件研发尚显薄弱。因此，建立和发展碳中和能源材料与器件方向，将有利于提升我国在这一前沿领域的学术水平和国际地位，创造新的经济增长点，为产业升级、提升国家核心竞争力提供人才和技术支撑。

　　为了做好能源材料领域的研究工作，成会明在先进院牵头组建了碳中和所、首批先进储能技术研究中心和低维能源材料研究中心，并逐渐建立约 10 个研究中心。"实现碳中和的关键是能源结构调整，开发和利用可再生能源是实现碳中和的根本途径，而材料起到关键性的作用。在能源革命的大环境下，各国都将新材料作为发展的重要目标，积极推进能源结构转型、绿色发展，对实现系统性、变革性的能源革命具有关键性作用。我近期工作的一个重点就是全方位引进跟碳中和技术相关的人才，启动新的研究方向，包括可再生能源的产生、转化与储存，有的把可再生电能转化为氢能，有的从事新型太阳能电池技术的研发……此外，实现碳中和亟须发展低碳和减碳技术，我们也在引进低碳和零碳建筑、二氧化碳转化与利用等方面的人才。"

2022年11月15日，深圳先进院碳中和所正式去筹

在深圳市科创委的支持下，碳中和所依托深圳先进院组建了"深圳市碳中和能源材料重点实验室"。这是该所成立后建设的第一个市级重点实验室，致力于太阳能转化、先进储能、燃料电池、二氧化碳高效捕获与转化四大方向的前沿材料探索和研发。通过产学研合作积极开展相关基础研究和技术创新工作，为相关行业发展培养高水平研发人才，并积极促进能

源材料在碳中和技术领域的成果转化和推广，为粤港澳大湾区提供碳达峰、碳中和的技术和政策咨询。深圳市碳中和能源材料重点实验室的建立将发挥基础研究与科技创新的驱动作用，对推动深圳市在全国率先实现碳达峰、碳中和目标，建设全球碳中和标杆城市具有重要的战略意义。

牢牢抓住碳中和产业发展契机

成会明认为，要实现碳达峰、碳中和需要达成"五化"，即能源生产低碳化、能源使用电气化、能源网络智能化、工业过程氢能化、二氧化碳资源化。他进一步阐述道："能源生产低碳化近期是指化石能源的低碳化生产，中远期则需大力发展风电、光伏等可再生能源，提高其在一次能源中的占比，逐步替代煤炭、石油和天然气等化石能源，从根源处降低碳排放；能源使用电气化是将清洁能源、可再生能源以电能的形式充分消费，在工业、建筑、交通、生活等方面全面推进，构建高效、绿色、低碳的电能消费体系；能源网络智能化是运用互联网、物联网思维与技术，在大数据和云计算的基础上，对能源的生产、存储、输送和使用状况进行实时监测、计算和优化处理，构建多源互补、协调互动的新型智慧能源体系；工业过程氢能化是将兼具工业原料和清洁能源双重属性的氢能作为工业脱碳的解决路径之一，在冶金、建材等制造过程中大力发展以氢代碳的技术，充分利用绿氢，从而降低工业碳排放；二氧化碳资源化是通过整体布局，将其作为工业原料、生产原料加以利用，这不仅有助于减排，还能促进碳中和循环经济的发展，充分发挥降碳和减耗的协同作用。"

在成会明看来，上述"五化"都蕴含着巨大的商机。碳中和新兴产业发展潜力巨大，据计到2050年可产生15万亿元以上的市场规模，撬动70万亿元的基础设施投资。深圳大力推动碳中和技术成果转化和推广，培育和带动与碳中和相关的战略新兴产业和可持续发展产业链，如太阳能与太阳能电池、氢能与燃料电池、新一代储能技术、新能源交通工具、智慧能源网、新能源装备制造、低碳与零碳建筑等，可助力深圳市优势产业链的高质量发展。

碳中和所正瞄准有巨大应用前景的碳中和技术，比如，碳中和所将从低维化和纳米化入手，探索制备新型催化材料，用于氢能领域。近年来，钙钛矿太阳能电池技术发展非常快，碳中和所研究团队正在积极尝试研发类似的新材料，推动太阳能技术的进一步发展。

成会明指出，可再生能源技术依赖新材料技术的突破。比如，氢能的储存就面临很大挑战，目前储氢方法包括固态储氢、液态储氢和气态储氢。储氢材料存在四大难题，都需要采取催化改性、多相复合、纳米化等多种方法实现。

他说："我们紧扣产业需求研发结构材料、功能材料，像电动汽车需要高功率器件，必须发展第三代半导体，包括碳化硅等。为了解决 5G 通信设备的散热问题，我牵头组织广东省科技厅基础与应用基础研究重大项目'5G 通讯（信）设备用高导热二维材料柔性膜的制造与应用基础研究'。另外，从材料学科发展出发，我们在深入研究一维材料、二维材料的基础科学问题，提出了六元环无机材料这个新概念，2021 年获批国家自然科学基金的基础科学中心项目，重点创制新型六元环无机材料，并开展变革性应用探索。"

"碳中和所正和先进院已有的研究团队进行融合创新。例如，我们与陈劲松团队共同开展碳汇和对碳排放的监测，与李慧云团队一起开展'车网互动'技术的研发。"成会明对先进院内部学科交叉与创新非常重视，"我们要与先进院其他团队进行密切交流与深度合作，因为碳中和技术就是交叉、融合、集成的技术。"

"实现碳达峰、碳中和目标，需要付出巨大的努力，强有力的科技支撑是必不可少的关键力量。先进院作为科研'国家队'，主动担当，全力以赴。"成会明强调，"可再生能源取代化石能源的进程并不会一蹴而就，需要各个行业、各个领域共同努力、融合创新，每一位科研工作者都应该把创新活动与零碳目标有机结合起来，共同推动国家双碳战略的实施。"

新型铝基锂离子电池完成量产

2022年5月24日，碳中和所唐永炳团队开发的一项新型锂离子电池技术完成了规模化量产，这是我国首款具有宽温域、低成本、长寿命的电芯产品，有望打破电池产业现有格局。统计数据表明，本次规模化量产的产品合格率达到99.11%，各工序合格率均为99%以上。

唐永炳介绍道："先进院给予年轻人很大的发展空间，鼓励科研人员做创新研究、产业化工作，虽然考核有压力，但前进的动力更大。看到多年研发的成果能够落地转化，团队成员都很自豪，找到了价值感和归属感。"

从电动汽车到五花八门的电子产品，锂离子电池早已渗透到人们的生活当中，为衣食住行提供源源不断的"动力"。工信部赛迪研究院发布的《2021中国锂电产业发展指数白皮书》显示，我国已连续五年成为全球最大的锂离子电池消费市场。

唐永炳介绍，受关键材料的限制，目前锂离子电池在零度以下无法充电，而在50℃以上，安全性又不能保障。我国幅员辽阔，气温和季节变化大，北方地区冬季温度可以低至 -40℃以下，而南方地区夏季地表温度会高达50℃以上，冬季电动车无法启动、智能手机自动关机，夏季电动车自燃情况频发。

为了解决这个技术难题，唐永炳团队历时近10年，潜心研发既抗冻又耐热的新型锂离子电池技术。该电池的最低工作温度可以达到 –70℃，最高工作温度可达 80℃，可以同时兼顾低温与高温性能。该新型电池已于 2022 年 5 月 24 日完成了规模化量产。该产品的高低温性能、循环寿命、安全性能等各项指标，均已通过第三方权威机构检测，并获得 ISO9001、GB31241–2014、IEC 62133–2:2017、UN38.3 等标准和资质认证。

新型电池究竟"新"在何处？唐永炳揭开了谜底："我们主要在负极材料和电解液方面下功夫。"

目前，电池的正极材料相关技术已接近"天花板"，若提升性能，负极材料尚有发展空间。为此，团队研发了一种新型铝基复合负极材料，与商用锂离子电池正极材料及合适的电解液匹配，成功研发出新型锰酸锂电池、磷酸铁锂电池和三元电池。

"我们开发的电池除了具备耐热抗冻的特性以外，还具有高安全、长续航、快充和低成本的优势。研发成果可用于光伏储能、家庭储能、通信基站储能、轨道交通、航天航空、极地科考等领域，尤其适用于高寒地区及亚热带地区。"唐永炳对新型锂离子电池的应用前景满怀信心。

为了顺利推动新型锂离子电池的产业化，2017 年，该技术成功实现转移转化，先进院专利作价 6500 万元，获现金投资 2500 万元，孵化成立了深圳中科瑞能实业有限公司，对新型锂离子电池技术进行中试研发。经过 5 年时间，针对关键材料及电芯工艺关键技术攻关，该电池技术已完全成熟。2022 年 6 月，双方签署增资扩股协议，拟再投资 3 亿元建设新型锂离子电池产线，迅速进行市场推广及应用。

唐永炳不仅带领团队实现新型锂离子电池的产业化，而且运用最新技术为锂电池隔膜企业赋能。2021 年 1 月，唐永炳团队与珠海恩捷新材料科技有限公司成立了联合实验室。该公司是一家专注研发及生产高性能锂离子电池隔膜的高新技术企业，年生产基膜约 20 亿平方米。联合实验室会针对企业的技术创新需求，围绕准固态聚合物电解质改性隔膜技术、无定形碳改性隔膜技术开展合作研究。

新型双离子电池项目进入中试阶段

全球新能源汽车产业迅猛发展，我国双碳战略相关产业在动力、储能等领域对锂离子电池的需求与日俱增。然而，全球锂资源储量有限（0.0065%），且分布不均，难以同时支撑电动汽车和规模化储能两大产业的快速发展。我国锂储量仅占全球的 6% 左右，锂资源供给安全不容忽视，尤其锂原材料价格暴涨，亟须发展新型高效低成本储能体系及关键材料。

唐永炳团队经过多年努力，在新型储能体系反应机理及关键材料研究方面取得了系统性创新成果，开发出具有完全自主知识产权的铝—石墨双离子电池技术，可研制全新、高效、低成本储能电池。

这种新型电池对传统锂离子电池的正负极进行了调整，用廉价且易得的石墨替代传统锂离子电池正极材料（钴酸锂、锰酸锂、三元或磷酸铁锂等），采用铝基负极作为电池负极材料，电解液由高浓度锂盐和碳酸酯类有机溶剂组成。该电池工作原理有别于传统锂离子电池：充电过程中，正极石墨发生阴离子插层反应，而铝负极发生铝—锂合金化反应，放电过程则相反。不仅显著提高了电池的工作电压（4.2V），同时大幅降低电池的质量、体积及制造成本，全面提升了全电池的能量密度。

唐永炳说："我们将新型双离子反应机理拓展到了钠、钾、钙等新型储能体系，突破了非锂电池体系缺乏合适电极材料的瓶颈，并在国际上首次实现了钙离子电池的室温可逆长循环性能。这为新型储能电池技术研究提供了理论支撑与实验基础，有力促进了高效低成本储能技术的发展。这种双离子电池技术具有高功率、高比能、低成本等优势，在规模化储能领域将具有广阔的应用前景。"

新型双离子电池技术及关键材料的基础及应用研究成果在《自然·化学》《先进材料》等期刊发表高水平 SCI 论文 90 余篇,获授权专利 80 余项。关于新型铝—石墨双离子电池的研究论文(Advanced Energy Materials 2016,6,1502588)为《先进能源材料》创刊以来全年全文下载量第 3 名。该团队所发表的双离子电池论文中,有 4 篇代表性论文入选全球双离子电池引用 Top10 论文(排名分别为第 1、2、4、8)。目前,全球已有 52 个国家、超过 1100 个科研团队、78 所世界 100 强大学,对该新型双离子电池技术进行了引用,并开展后续研究工作。国际储能材料及电化学著名学者、美国得克萨斯大学奥斯汀分校曼海姆教授在国际权威期刊《化学》(2018,4,1200—1202)上对钙基双离子电池进行了专题评述,认为该工作为电池学界发展新型电池化学或结构方面带来了"新视角",突破了传统思维,为高效低成本电池体系提供更广阔的活性电极材料选择。

在新型双离子电池技术研发过程中,曾获得国家自然科学基金委、香港研究资助局等机构的项目资助。唐永炳介绍,下一步在储能电池机理及关键材料的研究基础上,将通过产学研合作开展新型双离子电池关键技术攻关。目前,循环性能、安全性等技术指标均达到实用要求,处于中试工艺优化阶段,预计两年内实现规模化量产及市场应用。

不断提升太阳能光电转换效率

能源问题是关乎人类未来的关键问题之一,太阳能作为一种清洁能源具有广阔的应用前景。太阳能电池能够将太阳能直接转化为电能,是太阳能应用的重要方式。目前,硅太阳能电池生产成本一直相对较高,光电转换效率已近极限,难以满足新兴应用场景的特殊要求。

作为新一代光伏技术，量子点太阳能电池具有独特的多重激子效应和热载流子效应，有望突破传统光伏理论的限制，光吸收强、耐弯折、颜色可调，易与建筑、交通工具、消费电子、户外用品等结合，在创新"光伏+"模式、推动智能光伏产业升级和特色应用方面展现出巨大前景。白杨博士从2010年就对量子点光伏技术产生了浓厚的兴趣，做了大量的研究工作，尽管过程困难重重，却坚持不懈，直到2018年终于成功创造了当时量子点太阳能电池效率16.6%的世界纪录。白杨2022年春天从澳大利亚昆士兰大学离职，带着对新型光伏技术研究的坚持和梦想，正式加盟深圳先进院碳中和所，还将成为深圳理工大学材料科学与能源工程学院的一名博士生导师。

2018年11月，白杨从澳大利亚昆士兰大学给纽波特光伏效率认证实验室寄出三块太阳能电池样本，一个星期后收到了回复，三块电池的转换效率均高于现有的世界纪录，创造了新一代量子点太阳能电池效率的世界纪录：16.6%，这也是昆士兰大学的成果第一次被美国国家可再生能源实验室收入"全球太阳能电池实验室最高效率图"。该工作被化学工程师学会作为亮点收录于2019年的"澳大利亚科研展示集"，其学术文章作为封面于2020年发表在全球顶级期刊《自然·能源》上。

为了取得这一突破，白杨自2010年博士研究生学习阶段坚持了8年时间。2014年，白杨自昆士兰大学化学工程专业博士毕业，先在昆士兰大学做了一年博士后研究，又来到美国内布拉斯加大学林肯分校机械与材料工程系做了两年博士后研究。他看到，钙钛矿太阳能电池商业化面临一个非常大的障碍，转换效率和运行稳定性会随着规模的扩大而下降，这使保持高性能成为挑战。因此，白杨主要致力于改善钙钛矿太阳能电池的稳定性，以第一作者及合作作者身份发表了10多篇重要的学术文章。

2017—2018年，白杨先后获得了澳大利亚昆士兰大学人才发展基金和澳大利亚基金委颁发的优秀青年基金，并加盟澳大利亚昆士兰大学生物工程与纳米技术研究所，任研究小组组长。

白杨回忆道："我调整了研究方向，做新型量子点太阳能电池，也就是我申报澳大利亚基金委优秀青年基金时的课题。当时跟王连洲教授一起指导一名博士生开发量子点太阳能电池，这属于第三代太阳能电池技术，具有轻薄、可弯折、透明度大等诸多优点，应用场景非常广阔，不仅可以用于建筑玻璃一体化，还能用在可穿戴设备上。在美国一直探索改善钙钛矿太阳能电池的稳定性，现在发现做成量子点的稳定性更好，离子迁移导致的衰减也有很大改善。澳大利亚临海气候潮湿，我们就买了两台除湿机放在实验室，经过一年半的时间，将效率做到了 15%，已经打破了之前 13.4% 的世界纪录。我们觉得还有提升空间，开发了一种新的表面化学调控方法，不仅可以稳定量子点，还可以改善载流子分离输运性质。直到效率提升至 16.6%，我们才感到真正的兴奋。"

白杨申请了新型量子点太阳能电池的发明专利，也获得了 2019 年 Scopus 青年研究奖、2019 年昆士兰大学杰出基础研究奖等多项殊荣。

太阳能是低碳产业的重要组成部分

目前，白杨正在深理工搭建自己的量子太阳能电池实验室，着手开展第三代太阳能电池技术的研究工作。高光电转换效率、卓越的耐受性、无毒元素使新式量子点成为廉价、环保性材料。

他认为，太阳能光伏将在发电领域产生重要作用，太阳能是低碳产业的重要组成部分，深圳先进院组建碳中和所，深理工开展新材料领域的人才培养，都十分有利于我国低碳产业的发展。

他描绘着柔性、透明太阳能电池的应用未来："由于量子点具有柔韧性的特质，而且可以以低成本方式大规模打印，它们未来会被集成在诸如建筑玻璃、汽车和飞机等载体上发电。我们将继续完善这项技术。未来，我们将开发环境友好型量子点材料，进一步提高量子点太阳能电池的效率，提升在柔性和透明基板上的打印技术，将量子点的应用扩展到照明显示等多个领域。"他的眼睛熠熠生辉，仿佛量子点太阳能电池已经走入我们的生活，装饰着一个低碳世界。

中 篇

谋 教 育

谋教育，即是谋未来。教育是国家发展、社会进步的基石，决胜高水平全面建成小康社会、迈上全面建设社会主义现代化国家新征程，我们必须坚持教育优先的发展战略，加快教育高质量发展步伐。2020年，习近平总书记在科学家座谈会上强调："人才是第一资源。国家科技创新力的根本源泉在于人。十年树木，百年树人。要把教育摆在更加重要位置，全面提高教育质量，注重培养学生创新意识和创新能力。"

　　先进院从创办之初，就坚持开展学生培养工作。2018年11月，中科院和深圳市人民政府签订合作办学协议，双方依托深圳先进院共建深圳理工大学，打造科教融合、产教融合等办学特色，培养"国际化、创新型、复合型"人才，致力建设世界一流研究型大学，为创新型国家建设和产业振兴点亮更多的火种。为了粤港澳大湾区的美好未来，先进院继续做好科教融合再出发，为科技发展注入源头活水，提供人才支撑和智力支持，为建设创新型国家贡献智慧和力量。

第五章 深圳先进院为何要联合培养学生

"教育是深圳先进院'四位一体'（科研、产业、教育、资本）创新发展架构的重要组成部分，先进院从创办之初，就坚持开展学生培养工作。不论建院之初，从国内院校招收的客座实习学生，与国内外高校联合培养学生，还是择优招录的学籍学生，先进院始终坚持科教融合、产教融合的协同培养原则，高质量地培养创新创业拔尖人才。"先进院院长、深理工筹备办主任樊建平介绍道，"2018 年，先进院筹建深圳理工大学，让我们的学生培养工作跨入新的阶段，成为粤港澳大湾区人才培养高地，为区域发展源源不断地输送国际化、创新型、复合型的科技领军人才。我们紧紧抓住壮大科技人才队伍这一科技自立自强的第一资源，下足了功夫。"

深圳先进院培养客座学生，输出复合型人才

"培养学生对先进院发展有重要意义。2009 年初，我刚毕业不久就来到先进院工作，当时还在蛇口的南山医疗器械产业园办公。办公卡位周边就有很多学生在学习，我与他们有了很好的交流。据我所知，先进院在筹建初期还不具备独立招生资格，就先从国内高校招收实习生来院科研实习。这些实习生基本是边科研学习，边支持筹建工作。一部分学生毕业后直接留在先进院工作，也有一部分学生毕业后去华为、腾讯等大公司。有一个

跟我关系较好的学生，跟我反馈就业经验是，'多亏有先进院的实习培养经历，才有可能被华为录用'。当时，我就感受到先进院平台的积极作用。"先进院学生处处长李明回忆道。

2009 年先进院搬到西丽园区后，迅速扩大了学生的招收规模，从几十人到几百人，2015 年达到上千人，2020 年以后达到 2000 人。包括客座、联培和正式学生在内，2021 年达 2130 人。

李明说："受到招生指标的限制，先进院不能按照实际需求招收培养学生，因此，采取了客座、联培、中外合作办学等方式解决生源问题，这些办学经验也为筹办深圳理工大学做好了充分准备。先进院连续 15 年举办高交会机器人专展，很多机器人模型都是由学生参与完成的，不同学校的学生碰撞出火花，共同推动科研实践活动，对学生的成长是非常有益的。客座学生中有许多优秀的学生，比如，沈阳航空航天大学本科生秦文建 2008 年到先进院做客座学生，次年考上了先进院的硕士研究生，他对科研学术有浓厚的兴趣，并具有出色的组织协调能力，曾被导师外派到美国斯坦福大学深造一年，之后再回到先进院继续博士学业。现在被破格提升为博士生导师，他是优秀客座学生的一个典型代表。"

2022 年 6 月，佛山科学技术学院达衍数据团队荣获全国工业和信息化技术技能大赛广东赛区团体第一名，达衍数据创始人是该院数据科学系副主任姜春涛博士。鲜有人知的是，姜春涛博士曾是先进院的一名客座学生，他感激地说："我原来是在华中科技大学就读计算机专业本硕博，博士阶段跟随喻之斌教授来到先进院就读了 3 年多。先进院虽然不是我的母校，从学历证书上也看不出来，但我在先进院学习和收获到的，足以让我终身受益。先进院对客座学生和联合培养的学生视如己出，倾尽心血，让我们有机会在这里汲取养分，绽放才华，做最好的自己，工作后也能学以致用。我非常怀念在先进院学习的那段时光。"

在先进院期间，姜春涛不仅获得了院长特别奖学金、优秀奖学金，还发表了几篇高水平的学术论文，并把"科研成果一定要产业化"的理念在心底深深扎根。他博士毕业执教后，不忘产业化的初心，2020年注册成立了达衍数据公司，凭借专业的技术团队和丰富的工业算法，帮助企业生产模式从依靠人工经验转化为智能化最优安排，最大化地提升生产效率，减少原材料的浪费，有效降低成本。佛山是全国唯一的制造业数字化转型综合试点城市，制造业很发达，对数字转型升级有旺盛的需求，姜春涛带领一支年轻的技术团队可为当地的中小民营企业带来数字化、智能化转型相关服务。像姜春涛这样曾经在先进院做客座学生，如今服务于各地产业一线的创业故事不胜枚举。先进院通过培养客座学生为社会输送了一大批复合型的科技领军人才。

探索多类型人才培养模式

多年来，深圳先进院坚持"四位一体"的创新发展模式，通过科教融合、产教融合的育人方式，培养了一批适应科技产业发展需求的人才。通过产学研协同培养模式、多模态和多类型人才培养模式、创新型博士后培养模式培育的一批年轻的科研人员，将在探索高水平研究型大学的新路上发挥作用。

李明对先进院的多元化培养模式进行了更为详细的介绍，深圳先进院有多个研究方向，拥有一批具备带博士研究生资格的高水平国际化师资队伍，拓展多元化的学生培养形式，包括中科院统招的学生和留学生，以及与国内外一流高校和科研机构联合培养的联培学生、客座学生等。比如，中科院统招的学生是指招生指标纳入中国科学院大学招生计划的学生，其招生录取、学籍注册、课程学习、科研实践、论文答辩、学位授予等环节均按中国科学院大学有关规定执行。留学生也是列入中国科学院大学招生计划的研究生,但招收数量不受到研究生指标的限制。

为了扩大留学生的招收和培养规模,先进院曾到俄罗斯、白俄罗斯、乌克兰、巴西、阿根廷等国家进行招生宣传,也曾在东南亚地区建立招生中心。为做好留学生的培养和管理工作,先进院安排国际化师资开设全英文课程,供学生选修;定期组织集体活动,如参观博物馆、庆祝春节等,帮助留学生更快融入在华的学习和工作。

联合培养学生和客座学生是指学籍在其他高校,完成学校课程任务后,又来先进院进行科研实习实践的在读学生。二者的区别在于:联培学生是先进院和学生学籍学校签署了校际联合培养合作框架协议,该校每年都输送一定数量的学生来先进院实习实践,比如,中国科学技术大学每年都有近百名研究生来先进院继续科研学习;客座学生则通过课题组导师之间的合作,或学生主动来先进院寻找科研实习机会,经学籍学校和导师同意后,来先进院深造的在读学生。

先进院为所有的学生提供统一的助学金、工作餐补和住宿,同样的科研实践条件和就业深造机会。

2006年7月19日,深圳先进院最早的一批员工和学生的入职培训会

数次赴京，争取近千名研究生"戴帽"指标

先进院建院之始便着眼于全球大变局，优化研究生教育体系，实现精准推动研究生教育高质量发展。

研究生招生指标对打造高水平学科及培养高素质人才具有关键意义，直接影响大学的筹建和申报。先进院作为一所年轻的科研机构，原有的指标极其有限，完全无法支撑快速发展的科研需求。樊院长敏锐意识到，争取招生指标已成为一件迫在眉睫的事情。他找来教育处处长杨帆，杨帆主管研究生教育多年，对争取指标有丰富的经验。两人总结了各个途径的优劣，为了更好服务学科体系的建设，最终决定"单刀直入"教育部争取支持。

给一所尚在筹建中的大学下达招生指标，教育部还从未有此先例。果然，2019 年 10 月至 2020 年 2 月，樊院长带着冯伟、杨帆一行，先后 2 次前往教育部沟通均未成功。招生日程渐近，必须创新求变，另辟蹊径。于是，他们先后拜访中科院前沿局、广东省教育厅及多所兄弟高校，多方取经、争取支持。2020 年 3 月，樊院长一行第三次赴京，力陈深圳理工大学筹建优势，与普通筹建型高校大有不同，完全可以大胆创新突破。创新性地联合中国科学院大学、中国科学技术大学、南方科技大学三所高校共同申请，建议通过"戴帽"招生的形式，提前开展人才培育工作。经过多次会议的反复沟通、探讨、论证，最终打动了教育主管部门，同意从 2020 年开始下达深理工专项招生指标。

实现了首开先例的巨大突破后，樊院长一行顾不上休息，立刻再次前往三所学校，签署了合作协议。此后，又派遣专人就具体的招生、培养、管理等细则做了详细磋商，确保每一个指标都能够落实到位。三年来，深理工已累计招收"戴帽"研究生 950 名，首届南科大联培生也已顺利毕业，就业率 100%，培养成效深受社会认可。

研究生教育：推进教育高质量发展

过去 16 年，先进院聚焦国家战略需求与大湾区产业发展需要，围绕 IT 与 BT 两大领域，重点布局"机器人与人工智能""生物医学工程""生物医药""脑科学""合成生物学""先进电子材料""碳中和""海洋科技"八大学科，目前已获批 6 个博士学位授权点、10 个硕士学位授权点，一级学科授权点数量居科研所第一，已构建完善的交叉学科体系，以应对多学科高度融合的需求。生物医学工程学科自 2013 年建设以来，先后获 2017 年国家科技进步奖二等奖、2020 年国家科技进步奖一等奖，以硕士点参评教育部第四轮学科评估获 B+。

截至 2022 年 9 月，先进院累计培养学生超万名（含联培学生），在院学生达 2600 余人，其中 80% 来自清华、上交大、哈工大、东北大学、武汉理工等双一流高校；累计招收国际学生 131 名，近两年国际学生奖学金获评总人数及各单项人数均居中国科学院系统院所第一位；与不列颠哥伦比亚大学、澳门大学、湖南大学等海内外 200 余所一流高校建立合作，通过项目制管理开展联合培养。由此可见，先进院在研究生教育培养方面已积累了丰富经验。

在课程教学方面，先进院鼓励建设多元化课程体系，邀请资深科研导师、有丰富实践经验的产业专家共同参与课程开发与教学，编写优质课程教材，如李建中整理出版全国首部《大数据算法设计与分析》专著。已建立覆盖本硕博的课程体系，开设超过 280 门课程，累计聘请数百名知名企业家来院讲学，课程数量居全国科研院所第二位。积极开展"有价值"的科研和"有故事"的教学，着力培养具有"科学素养、管理基础、创业基因"的"三有"人才。

2023年5月，以"产教融合·科教融汇·创新培养"为主题的研究生教育及合作研讨会在深圳先进院成功举办

　　深理工作为一所新型研究型大学，在推进高等教育治理体系和管理现代化方面迎来了难得的历史机遇，也将在拔尖创新人才培养模式方面进一步创新路径，在一流办学体制机制、一流学科建设、一流人才培养、一流科研平台建设方面先行先试，为中国特色社会主义事业培养更多拔尖创新人才。

深圳先进院人才培养质量突出

　　先进院人才培养质量突出，在社会建设中发挥了带头作用。先进院向社会输送的毕业生质量已获得学术界和产业界的高度肯定，75%的毕业生进入华为、百度、腾讯、阿里巴巴等高新技术企业，近两年约30%的毕业生年薪超40万元。自主创业者有获2.1亿元投资的案例。

深圳先进院院长、深理工筹备办主任樊建平与毕业生合影

在"双创"浪潮的推动下，投身自主创业的学生不乏出色的案例。比如，博士毕业生陈实富现任深圳海普洛斯生物科技公司联合创始人兼首席技术官，公司已获融资近 10 亿元人民币，开发多个肿瘤诊断产品，成长为行业知名企业；硕士毕业生宋怡彪多次创业，创办的中科德诺微电子公司致力开发人工智能物联网微硅传感芯片，申请了多项专利，并成功实现国产替代；博士毕业生林学祥在读期间，申请发明专利 4 项，发表核心论文 6 篇，带领团队专攻体外诊断产品的研发，创立深圳深源生物技术有限公司。

2012 年起，先进院为优必选、深信服等合作企业定制培养计划，设立计算机技术硕士班，为企业输送专业人才。目前，先进院与大族激光、比亚迪、富士康、迈瑞医疗等高科技企业开展博士后联合培养，累计培养博士后超千人，在产业界形成广泛影响力。

先进院的人才培养模式获得教育主管部门认可，为探索高起点、高水平研究型大学开辟新路径。2019 年，中国科学院深圳理工大学筹建获得教育主管部门批准，已纳入国家发改委编制的粤港澳大湾区国际科创中心重点推进项目。2021年底，广东省向教育部正式提交申请，将其纳入广东省高校设置"十四五"规划。

根据规划，深理工将建设成为世界一流、"小而精"的研究型大学，瞄准粤港澳大湾区创新发展，面向未来产业科技与人才需求，以理工为基、科学引领，着力打造科教融合、产教融合、粤港澳合作及国际化学制、体制机制创新等特色，探索建立学院、研究院、书院"三院一体"的人才培养模式，培养国际化、创新型、复合型领军人才，为粤港澳大湾区建设提供人才支撑和智力支持。

【案例链接】李洪刚：博士毕业走上创业之路

2009年，李洪刚考入深圳先进院生物医学信息技术研究中心攻读博士学位。2015年毕业后，响应国家"大众创新、万众创业"的号召，践行樊建平院长的"知行合一"的办院理念，创办深圳四博智联科技有限公司并出任总经理，负责整体战略和关键技术研发。该公司在物联网领域发展势头喜人，2022年业绩逆势增长，在物联网模组研发、物联网生态建设方面取得长足发展，在户外储能、HDMI视频分析、汽车电子等多个领域具有广泛的影响力，曾参加第十二届深创赛获得电子信息行业决赛企业组三等奖。

李洪刚有过两次创业史，拥有在不同领域的创业经验。虽然他带领的团队不断壮大，也受到资本市场的认可，但他对年轻人选择创业并不是一味鼓励。他说："我最想对同窗校友说的话是，创业是人生的修行课，不要轻易创业。创业绝对不是一蹴而就的事情，需要5年到10年的坚守才可能有所成，必须有这样的心理准备才可以选择创业。"

1.第一次创业吸取惨痛的教训

"也许因为第一次创业给我的教训太深刻,我现在做事情特别求稳,注重收支平衡,稳健经营。"李洪刚的第一次创业,是2006年。他从北京大学软件与微电子学院研究生毕业后,作为技术负责人参与并创办了北京美科互动公司,最终耗光了投资款而不得不关门。

"其实,我们起步还是很不错的,当时做的是移动云存储,涉及的技术主要是开发后台服务器和手机应用软件,并且很快就获得了投资。"李洪刚回忆道,"2008年的金融风暴对我们冲击很大,我们做的移动存储没有造血能力,只顾花钱,不懂赚钱,只能面临倒闭的命运。"

2009年春天,李洪刚考上了深圳先进院的博士研究生,他之所以选择到深圳读博士,是因为他想对第一次创业做一些总结;又觉得有书读总是最好的事情,因此,当时即使有年薪50万元的新工作在向他招手,他还是毅然决然南下求学。

2.南下深圳先进院读博

李洪刚到深圳先进院面试,最初去的是先进院在蛇口的临时办公场地,建筑装修虽然很简陋,但老师们特别热情。"现在仍然清晰记得当时见到的薛静萍老师和引导我的陈润老师。"

2009年9月,李洪刚再次入学开始新的学生生涯。令他惊喜的是,深圳先进院搬到了西丽新址,这里的一切都是全新的,一派生机勃勃的景象。他的主攻方向是物联网低功耗方向,跟随导师李烨研究员一起参与了低成本医疗项目的联合开发,参与并完成了国家科技重大专项的任务——物联网网络融合的开发,导师的谦逊、务实且低调的作风深深影响了他。

"我在先进院印象最深刻的一件事情,就是我作为第一作者在《传感器期刊》上发表了学术论文,这意味着我可以申请博士学位答辩,顺利毕业了。"李洪刚笑着说。

他认为先进院的治学非常严谨，如果学生没有达到毕业的水准，导师是不会轻易允许学生毕业的。

"我出身农村，当时在先进院读博士，每个月才 1400 多元的生活费，我必须在学习之余赚取生活费，于是每天傍晚 7 点以后加上节假日和周末，就是我勤工俭学的时间了。"这个时候正赶上客户端软件开发兴起，李洪刚带领几个硕士学生开始开发 APP，下载量达到过亿级别，整个平台系统基本也是由李洪刚指导。李洪刚在读博士业余时间，通过开发 APP 积累了上千万元的原始资本，也获得带领团队高效协作的经验，这为他日后再次创业打下了坚实的基础。

3. 深圳创业渐入佳境

2015 年以来，硬件复兴、创客创业都要用到嵌入式的知识，迅猛发展的物联网承载着信息采集的终端和传输的模块，更是嵌入式工具的典型应用，这些应用相对于手机更加小型化，必将引起新一轮的智能硬件兴起。李洪刚看到了这样一股潮流，他在自己的新书《ESP32 开发指南》序言里写道："在'世界既平且陡'的潮流中，我们一定要到一线城市去，这里嵌入式所需要的配套齐全，更加利于创业。在这里，高性价比医疗、教育、就业、创业机会，会给我们带来思想和财富收获，甚至让我们实现人生的逆袭。"

同年 5 月，李洪刚与三名博士同学一起在深圳创办了深圳四博智联科技有限公司，要用所学的技术投身到智能硬件创业潮流中，用实际行动践行先进院人"创新无极限、敢为天下先"的精神，为国家科技创新贡献自己年轻的力量。"当我从樊建平院长手中接过博士毕业证时，心中充满了对培育自己五年半的母校的不舍和对未来的期待，樊院长提倡的'知行合一'精神是我们学生前进的动力。"李洪刚回忆道。

2016 年，第一笔天使投资到位，当时企业估值仅 2500 万元。经过 5 年的发展，企业到2021年底估值已经达到2亿元，新一轮的投资也基本确定。

四博智联通信模组及芯片具有突出的性价比优势，主控芯片和通信芯片二合一。李洪刚透露，最近4年，四博智联业务以每年50%的速度增长，客户数已达700多家，入网设备达到100万台，可提供的云服务涉及智慧家庭、智慧城市、智慧农业、能源监控，2023年销售有望突破1亿元，未来3年将实现出货1亿片，计划登陆资本市场。

拥有多次创业经验的李洪刚深有感触地说："博士毕业轻易别创业，因为难度相当大，责任很重，可以说是一条不归路，创业者需要超凡的毅力和勇气。如果要创业，千万别当老大，建议当'二把手'，专门负责技术研发，压力相比'一把手'会减少很多。如果一定要创业，而且要当'一把手'，那么要做好充分的准备，一般来说，创业的第三年才会有起色，需要花5年至10年才能做成一件事，创业是长跑，不能以短跑冲刺的心情来创业。"

第六章　深圳先进院为何要办大学

新一轮科技革命和产业变革突飞猛进，科学研究的高质量发展也在发生深刻变革。深圳的光明科学城自觉承担了科技体制改革"试验田"的历史使命，先行启动示范区有一片现代化的建筑裙楼正拔地而起，那是深理工的永久校区，未来办学规模可达 10000 人。

中科院与深圳市人民政府依托深圳先进院合作共建中科院深理工，充分发挥国家战略科技力量的优势，积极协调重大科技基础设施和科研力量，深度合作、资源共享，全力支持中科院深理工的建设与发展。

樊建平表示，先进院要深入推进与深理工的一体化发展，充分发挥中科院科教融合的优势和特色，围绕"十四五"时期经济社会发展的主要目标和 2035 年远景目标，培养更多拔尖创新人才，促进更多一流科研成果落地转化，为科技创新、产业发展贡献智慧和力量，在创建中国特色世界一流研究型大学的道路上阔步前行。

粤港澳大湾区需要世界一流大学作为支撑

世界一流大学一般是指全球性研究型大学或者"旗舰大学"，是建设学术体系的基石，也是各国提升国际竞争力必不可少的组成部分。这些大学在高等教育的知识创造和传播中扮演关键角色，致力培养具有高技能知识的精英人才，满足社会需求。

放眼全球，我们不难发现，那些经济发达的地区也多是世界学术中心和科技创新高地。世界一流大学的建设代表人类智慧的制高点，也是各国社会建设与经济发展的引擎。

工业革命以来，世界学术中心和经济中心呈现出共生的关系。国际上公认的世界一流大学并不是散乱无序地分布，而是呈现出特定范围内集中分布的态势，形成了几个较为明显的高地，包括美国旧金山湾区和纽约湾区、日本的东京湾区、中国的京津冀等。中国人民大学教授、长江学者周光礼教授曾指出："当地中海北岸成为世界中心时，世界的学术中心和创新高地出现在意大利；当西欧成为世界经济中心时，世界学术中心和创新高地先后出现在英国、法国、德国；当北美成为世界经济中心时，美国成为世界学术中心和创新高地；当东亚逐步成为世界经济中心时，习近平总书记适时提出，中国要成为世界主要的科学中心和创新高地。"

2020 年 9 月 11 日，习近平总书记在科学家座谈会上强调，要加强高校基础研究，布局建设前沿科学中心，发展新型研究型大学。这充分彰显了立足于中华民族伟大复兴战略全局和世界百年未有之大变局，新型研究型大学作为原始创新的主战场和创新人才培养的主阵地，在我国现代化建设全局中居于核心地位，在国家发展和民族振兴中起战略支撑作用。

如今，在建设粤港澳大湾区和中国特色社会主义先行示范区的时代背景下，深圳承担更为重大的责任。如果说改革开放先行先试是深圳的使命，那么今天先行先试已经成为这座城市的自觉追求，沉淀为深圳的城市基因，科技创新更融入深圳的文化血脉。为了早日建成粤港澳大湾区国际科技创新中心，深圳人毅然决然地向源头创新迈进，希望建设新型研究型大学，带动世界科学中心和创新高地的建设，助推中华民族伟大复兴。

深圳先进院办大学基于三个原因

樊建平分析指出，先进院办大学基于三大原因：一是先进院自身发展的需要。先进院经过十多年的发展，建成了 8 个研究所，承载 2 个大设施，以后还要建设国家重点实验室，这就好像轿车无法承载重卡的货物，先进院急需换成大学的底盘，才能承载更多的重任，确保未来走得更坚实。深理工依托先进院建设，将有效利用已有的科研、教育、产业资源，打通"教学—科研—产业—资本"全链条，聚集从源头创新端到应用端的各种创新要素，构筑协同创新生态体系，让教授、科学家们各得其所、相辅相成，形成一个创新的缓冲区，孕育和积淀重大创新成果，并为高校构筑"从 0 到 1"的科研创新生态作出探索，强化国家战略科技力量，为破解"卡脖子"问题夯实根基。深理工将围绕产业行业所需新兴学科和前沿交叉学科设置"新工科""新医科"专业；建立学院、书院、研究院"三院一体"人才培养新模式；打造科教融合、产教融合、港澳及国际合作的办学特色，在深圳这块改革开放、创新发展的沃土上，为我国建设新型研究型大学先行探索，并提供有价值的创新成果。

二是深圳城市发展的需要。2010 年起，深圳举全市之力创建南方科技大学，该校用十多年时间走出了一条具有中国特色、时代特征、深圳特质的高等教育办学之路。但在 2015 年前后，深圳市的高校规模仍然无法满足区域经济发展对高水平大学及创新人才的需求，政府计划再办几所高质量大学。恰逢经济特区建立 40 周年，国家赋予深圳"双区"建设和实施综合改革试点的重大历史使命。深圳抢抓机遇，在高等教育创新发展方面迈出新步伐，作出新探索。2020 年 9 月 11 日，习近平总书记在科学家座谈会上强调，要把教育摆在更加重要位置，建设新型研究型大学。在这种背景下，依托高水平科研机构建立深理工，探索建设具有中国特色的新型研究型大学正当其时。

三是综合性国家科学中心要有一个研究型大学作为支撑。综合性国家科学中心是国家科技领域竞争的重要平台，是国家创新体系建设的基础平台。目前，国内四大综合性国家科学中心即北京怀柔综合性国家科学中心、上海张江综合性国家科学中心、合肥综合性国家科学中心、深圳综合性国家科学中心，其核心载体分别是北京怀柔科学城、上海张江科学城、合肥滨湖科学城、深圳光明科学城。每个综合性国家科学中心都有一个大学作为支撑，比如上海科技大学、中国科学技术大学，深圳要以在建的深理工这所研究型大学作为综合性国家科学中心的建设支撑。

基于上述三个原因，深圳市政府与中科院携手共建世界一流研究型大学，为深圳率先实现社会主义现代化提供有力支撑。

先进院教育处处长杨帆介绍，樊建平院长曾对办学做过深入分析，除了上述的三个原因之外，樊院长还算过这样一笔经济账：随着全球疫情及复杂国际形势的影响，在海外留学的中国学子以及就读国际高中的准留学生将面临"无国可出、无校可入、无书可读"的"三无"境地。过去，每年都有几十万名中国学子到海外求学，支付的学费和生活费超过100亿元，如果高校创新体制机制，构建国际化办学模式，为众多学子接受优质的国际化教育提供新方案是多么有意义的一件事情。先进院地处粤港澳核心区域，与港澳及海外一流高校建立了密切的合作关系，可发挥其港澳合作和国际化的资源优势，通过实施灵活的招生方式、组建国际一流的师资队伍、构建与国际接轨的课程体系以及国际化的培养模式，并在遵守国家相关法律法规和教育部政策的前提下，主动承担社会责任。

"三院一体"的新型大学将显著提升创新效率

科教融合符合世界一流大学的核心办学理念，是我国建设高等教育强国的必然选择。2013年7月17日，习近平总书记视察中国科学院，提出要"率先实现科学技术跨越发展，率先建成国家创新人才高地，率先建成国家高水平科技智库，率先建设国际一流科研机构"，同时指出："继续发挥紧密结合科研实践培养人才的特色和优势。"中科院党组深入贯彻落实习近平总书记重要指示精神，积极探索科教融合3.0版本。利用中科院独具特色的科教融合平台，遴选全院最优质的教学科研资源，适当引入外部资源，培养造就德才兼备、潜心科学研究、立志科技报国的拔尖创新人才，以服务国家创新驱动发展战略为核心使命，进一步发挥各院属科研院所、学部和教育机构"三位一体"的整体优势，旗帜鲜明地走出中国特色科教融合的拔尖创新人才培养之路。

在国际科技竞争日趋激烈的形势下，如何通过科教融合产生更多高质量成果、培养更多创新型人才？深圳先进院原副院长、现任广州能源研究所所长吕建成介绍，先进院提出了建立学院、书院、研究院"三院一体"的人才培养新模式，将先进院已有的研究所作为大学的研究院基础，再增加书院和学院两个模块，这将极大地提升科技创新效率。因为科研机构的主要任务是不断出成果，大学的任务是源源不断培养人才，二者的共性平台就是科研平台，先进院经过15年发展已经建立了完善的科研平台，也对世界前沿技术领域进行了布局，同时拥有一支优秀的工程师队伍，如果依托先进院这个一流的科研平台建设深理工，必然会培养出更多的人才和产出更多的成果。与现在的大学相比，未来的深理工拥有一批怀揣"工研院"梦想的导师和一批优秀工程师；与其他科研机构相比，又拥有更多的优秀学生。因此，依托先进院建设世界一流的研究型大学就是用好国家的投入、地方的投入，做出有利于国家和地方的科技创新贡献，为粤港澳大湾区聚集和培育更多的一流人才。

吕建成说："习近平总书记指出，国家实验室、国家科研机构、高水平研究型大学、科技领军企业都是国家战略科技力量的重要组成部分，要自觉履行高水平科技自立自强的使命担当。从国家战略科技力量的建设上看，依托深圳先进院建设高水平研究型大学——深圳理工大学，可以实现科研投入效率最大化，这符合国家的战略需求。"

先进院副院长郑海荣同样认为科教融合有助于提升创新效率，他曾在美国科罗拉多大学攻读博士，对博尔德地区的科教融合氛围记忆犹新："在数平方千米范围内聚集了多个美国国家实验室，JILA 实验室（天体物理实验室联合研究所）是美国国家标准局和当地大学共建的一个典型研究机构，拥有美国最好的仪器设备，但他们的机制有一个缺陷就是缺少学生。于是，JILA 实验室就聘用附近科罗拉多大学里的年轻学生作为研究力量，创新效率得以大大提高，可以看出它的最大优势就是科教融合。索尔克生物研究所是美国加州南部拉霍亚的一个非营利科学研究机构，它与加州大学圣地亚哥分校紧密合作，通过科教深度融合，成为美国生命科学领域高水平研究机构之一。"

郑海荣认为，先进院也可以像 JILA 实验室、索尔克生物研究所一样，充分发挥科教融合的优点，大幅提高科技创新效率，走出一条科技创新和成果产业化之路。因为先进院的特点是扎根深圳、更加面向产业，深理工重视教学和学术前沿研究，二者结合起来就能大大提高创新效率，并通过不断培养和输送一流人才为产业赋能。

科技创新尤其是前沿科技的发展代表一个国家的核心竞争力，如今各国的科技投入在迅速增长，诸多国家在科技领域展开了激烈的竞争。我国实施了一系列科技发展计划，科研机构和新型研究型大学必将在未来竞争格局中发挥巨大作用，经济发展方式的转变，也对科研机构和高校的科技创新和成果转化效率提出更高的要求。依托先进院建设深理工，恰恰探索出一条科研投入效率最大化的新路径，为粤港澳大湾区建设提供"第一资源"的辐射效应。

解读"钱学森之问"

深圳理工大学学术委员会主任、筹备办副主任赵伟教授开门见山地说："科研和教育天生就是一体的，我认为搞科研的第一目的是培养人才，因此，依托深圳先进院建设深圳理工大学是顺理成章之举，也是我国科教充分融合的典型案例。"

赵伟教授以自己独特的视角思考并回答"钱学森之问"："要回答'钱学森之问'，先要搞清楚问题的实质。他不是问为什么没有做出成果，而是问为什么没有培养出一流的人才。经过几十年的思考，我认为科研活动的第一个目的就是培养人才，出成果反而是其次。"

在赵伟看来，科学研究和体育运动都是吸引人才的不二法门，过去欧美的一些顶尖大学以大量的科研机会和优厚的体育发展政策，吸引了来自世界各地的优秀学者和顶尖运动员。而且，科学研究和体育运动都是激励民众、凝聚人心行之有效的窍门，看到"神舟十三号"载人飞船成功升空并安全返回的时候，所有中国人更是感到无比骄傲。因此，科学研究不仅具有做出成果的实用性，更是实现个人突破、凝聚人心的有效途径，能激发国家和民族的无限潜能。

其实，许多国家和政府都把培养人才作为大学和科研机构的首要任务。赵伟回忆了他在美国国家科学基金会任职期间的一段经历："我当时担任该基金会计算机与网络分部主任，掌握较多的科研经费资源，根据基金会的总体规划，我们资助了全美 200 多所高校的相关项目，却引起了全美排名顶尖的大学的不满。他们选派了一个代表上门，找我要更多的经费，这个代表一进门就冲我拍桌子：'你犯了个严重错误，计算机科学所有的重要技术，包括操作系统、数据库、网络技术等，都是我们前十所大学的教授发明的，你不应该资助 200 多所高校，应该把经费向我们顶尖大学倾斜。你们的资助政策完全是错误的！'我听后，没有立即回复他，而是先请示美国国家科学基金会会长。会长的回答是：'前十名的大学确实发明了很多科研成果，但前十名的大学培养不出信息产业所需要的大量硕士、博士，我们需要 200 多所大学培养更多的有科学思维的专业人才，只有培养了足够多的人才，才能支撑美国高科技产业的发展。'他的回答让我豁然开朗，美国科研资助政策其实是为培养人才所设定的，并不仅仅是为了多出科研成果。"

经过数十年的实践和思考，赵伟教授认为科研和教育天生应该融为一体："纵观发达国家，极少有靠计划来管理科研工作的，除非军事科技，绝大多数的科学研究都是与教育紧密结合在一起的。社会对不同领域的科技需求有起有落，有时计算机技术当红，有时生物医药更热，有时人工智能受追捧，那些还没有'热'起来的领域，需要相关专家'坐冷板凳'。那放在大学就没关系了，'坐冷板凳'的时候可以教书，也可以跟学生继续互动，互动过程中'冷板凳'可能就'坐热'了。所以我认为科研和教育天生就应该融为一体，因为教育可以为科研提供更大的场所、更宽广的余地，使科研的深入有一个回旋余地，更容易水到渠成地产生重要的成果。"

基于此逻辑，赵伟教授对依托先进院办深圳理工大学非常看好。2018 年 12 月，樊建平在上海考察，赵伟教授也恰好在上海，他们第一次见面聊到筹备建设深理工的事情。由于樊建平觉得澳门大学校园设计很不错，便特意邀请赵伟教授参与深理工的建设，赵伟欣然同意。

　　2019 年，赵伟还在沙迦美国大学担任副校长，他会在周末时间参与深理工校园设计的前期讨论工作。同年 11 月，樊建平去欧洲招聘人才，中途转到迪拜，邀请赵伟全面张罗学校的组建工作，出任学术委员会主任一职。

　　樊建平在中科院计算机研究所任副所长的时候，就与赵伟教授熟识，尤其赞赏他于 2002 年一手创办的"龙星计划"①。近 20 年来，赵伟积极组织和推动中美两国科研与教育交流活动，樊建平深知赵伟有一颗炽热的爱国之心。赵伟也很欣赏樊建平身上特有的豪爽与进取精神。

　　那天，迪拜天气晴朗，碧空万里。赵伟与樊建平站在哈利法塔上极目远眺，两人对同心协力筹建深理工的事宜达成了共识，共同憧憬着在深圳建成一所国际一流的研究型大学。樊建平回忆道："赵伟曾经在美国著名大学当过副校长，这在海外华人中可谓凤毛麟角，后来澳门大学聘他当了 10 年校长，他是第一位经全球招聘成为港澳地区大学校长的内地华人。在他任澳门大学校长期间，经中央批准，澳门大学完成了横琴新校区建设，澳门大学世界排

深圳先进院院长、深理工筹备办主任樊建平（右）赴迪拜邀请赵伟（左）归国

---

① "龙星计划"，即"Dragon Star Program"，邀请在美国高校工作的华裔计算机科学家回中国讲学，这是自愿行为，双方政府都不参与，中方大学提供往返经济舱机票。每年选择几所学校合作，在美国挑 8—10 名数据库操作系统、计算机网络、大数据等领域的教授，分别在暑假不同的时间回国讲学一周。这是一门实实在在的美国研究生课程，赵伟教授开设第一堂课。至今已有近百名华人学者参与授课，在近百所大学和科研机构开课近 200 门，听课总人数超过了 14000 人。日常工作由设在中国科学院计算技术研究所的"龙星计划"办公室负责。

名从第 2000 名跃升为第 370 名。他是国际教育界的风云人物,我们能请来赵伟校长,是因为他内心深处有一个心愿,就是希望能办一所中国的新型研究型大学,参与筹建深理工给了他圆梦的机会。"

想尽一切办法办大学

分工负责教育工作的先进院班子成员冯伟,见证和参与了依托先进院办大学的全过程。他说:"从 2012 年深圳市要办特色学院开始,先进院就启动办大学的计划。同年 8 月 30 日,深圳市第三所特色学院——'深圳先进技术院'挂牌成立。2013 年 6 月 20 日,中国科学院大学第一所揭牌的专业学院——'中国科学院大学深圳先进技术院'正式成立。2016 年,我又提出办国科大深圳校区。这个阶段,先进院基本是'为生存而战',因为我们在培养研究生上不遗余力,但先进院未获得过市里专项教育经费的支持,因此希望利用深圳市高等教育的一些政策,可以在高等教育和人才培养上做更多的贡献。这样一路摸索,坚持到 2018 年,樊建平院长提出建设'中科院深圳理工大学',获得教育部支持,标志着先进院迈入'为发展而谋'的崭新阶段。"

早在 2016 年,先进院就提出建立国科大深圳校区的计划,并为此积极筹备。根据教育部部署,深圳先进院于 2017 年首招非全日制硕士研究生,其招生方式与全日制研究生的考试招生政策相同,首批学生通过国家研究生报考平台录取,报录比达 5∶1。2020 年的首批非全日制毕业生 79% 进入高新技术企业、事业单位、金融行业,8.4% 继续深造。

2018 年 6 月,教育部、广东省的部省联席会议在深圳召开,时任广东省委书记李希和省长马兴瑞出席会议。6 月 12 日下午,教育部与广东省在深圳签署《共同加快推进世界一流大学和一流学科建设协议》,在巩固以往重点共建成果的基础上，双方将共同推进中山大学、华南理工大学加快建成世界一流大学。会后，时任教育部部长陈宝生看到先进院提交的关于创办中国科学院大学深圳校区的汇报材料，还对深圳市领导说："要弄就弄一个独立的大学。"这显然是一个积极的信号。在深圳市委、市政府的支持下，先进院紧抓机会，落实各项准备工作。

冯伟回忆道："当时，我们听到陈部长说可以办一所独立的大学，感到非常高兴和激动，这与我们过去策划的中国科学院大学深圳校区形态相比发生了重大改变，因此需要向中国科学院领导汇报这件事情。樊建平院长专程奔赴北京，争取中科院领导们的支持。之后大约一个月，全国人大常委会副委员长、中国科学院副院长丁仲礼恰好到深圳办公，又受邀来到深圳先进院视察。樊建平向他汇报了申请办一所独立大学的计划，丁仲礼副委员长非常支持依托先进院办一所研究型大学。接下来，樊建平再次到北京，把具体的办学方案、合作协议等上报给中国科学院，首先在中科院秘书长办公会上获得了通过。然后，中科院召开党组会，依托先进院办大学的方案和思路也获得了党组会的一致通过。整个沟通过程非常紧张而高效，主要得益于中国科学院和深圳市的大力支持。"

2018年11月，中国科学院和深圳市人民政府签订合作办学协议，依托深圳先进院合作共建中国科学院深圳理工大学。

2019年10月，深理工获批纳入广东省高校设置规划，正式开始筹建。深理工是一所独立设置的全日制高校，致力建设世界一流、小而精的研究型大学，培养国际化、创新型、复合型领军人才。

2020年11月，深理工建设启动会在光明科学城举行。时任中国科学院院长、党组书记白春礼，时任广东省委副书记、深圳市委书记王伟中出席活动并致辞。王伟中表示：深理工是深圳高等教育改革发展的最新成果，学校建设正式启动是深入学习贯彻习近平总书记出席深圳经济特区建立40

周年庆祝大会和视察广东重要讲话重要指示精神的实际行动，必将对新时代深圳经济特区改革发展形成有力支撑。深圳市将一如既往地支持深理工发展，与中科院携手共建世界一流研究型大学，为深圳率先实现社会主义现代化提供有力支撑。

冯伟介绍，深圳市领导对深理工的建设支持力度非常大，体现在很多方面。举一个具体例子，深圳土地长期以来都十分紧张，原来给深理工的校区面积是 33 万平方米，可为了把这所新型研究型大学建设得更好，深圳市委、市政府决定把面积增加到 54 万平方米，而且放在光明科学城，这说明市委、市政府对建设一所世界一流大学具有巨大的决心和坚定的信心。

先进院积极尝试联合培养人才，不断积累办高等教育的经验。2019 年，深圳先进院与澳门大学、诺丁汉大学等高校签订联合培养协议。目前，与先进院联合培养学生的高校已有 36 所，覆盖本、硕、博全体系。借助合作高校的经验，完善自身讲义、教材建设体系。如与香港科技大学合作，引进其计算机领域的讲义、教材，在借鉴和学习的基础上，不断完善自身建设。

随着办学工作的持续推进，深理工建设的步骤也逐步落实，2021 年 1 月，通过省高校设置考察评议，学校各项办学条件均已达到教育部高校设置标准。同年 7 月，深圳市主要领导会同中国科学院相关领导拜会教育部。2021 年 12 月，深圳理工大学筹备办主任樊建平、副主任赵伟一行，赴教育部向教育部主要负责人、规划司负责人汇报深理工筹建事宜，教育部领导表示积极支持深理工从"大学"起步高起点高标准建设。2022 年 3 月，广东省分管教育副省长带队拜会教育部分管部领导，争取教育部对深理工筹建工作的支持。

深理工过渡校区已于 2021 年 9 月正式启用，首批师生入园开展教学培养。深理工明珠校区已于 2021 年 12 月 29 日正式动工建设，计划 2022

年完成地下主体结构，2023 年完成封顶交付使用。深理工将以学院、书院、研究院"三院一体"的人才培养模式，致力培养有产业意识的科学家、有科研意识的企业家，打造粤港澳大湾区标杆性具有中国特色的世界一流研究型大学。

首笔筹建经费顺利到位

充足的办学经费是开展筹建工作的重要保障，有充足的经费支持才能引进一流师资、建设高水平科研平台。作为深圳市高起点高标准建设的研究型大学，深圳市政府在 2019 年 12 月的筹建联合领导小组第一次会议上明确表示：按照深圳市高等教育投入"就高不就低"的政策给予支持。

当时的深理工尚处于筹建期，刚注册成功的筹备办公室法人证书尚不具备人事关系挂靠、办学经费承载等相关职能。只有加快设立中科院深理工的法人主体，才能实现相关工作的顺利推进。

教育部、广东省批复同意将深理工纳入广东省高校设置"十三五"规划之后，筹备办先向市政府申请注册成立中国科学院深圳理工大学（筹）法人，再争取筹建经费，进而为全面推进各项筹建工作奠定基础。

随后，大学筹备办副主任冯伟，教育处处长杨帆、副处长李明一行迅速行动，与市政府办公厅、市委编办、市教育局等多个部门深入沟通。2020 年 6 月 22 日，时任深圳市委常委杨洪主持召开中国科学院深圳理工大学筹建专题会议，同意筹备办变更法人，请教育局和财政局加紧审核落实，尽快拨付筹建经费。7 月 9 日，冯伟副主任带队赴市教育局、财政局就深理工 2020 年筹建经费预算、办学方案等相关事项进行会谈。同日，市政府办公厅批复同意变更法人。7 月 15 日，距批复不到一周时间，筹备办完成了法人注册手续。

法人机构成立了，争取办学经费也变得非常迫切。时值 2020 年下半年，大学筹建经费未列入年初财政预算，财政局建议按"一事一议"提请市政府专题会议审议，以专项经费的方式拨付。经多方咨询，关于经费拨付的议题已排到几个月后，而且每年都需要经过市政府会议专题审议，申请流程复杂且不稳定。为确保大学有稳定的经费来源，筹备办领导迅速做出决定，向财政局申请纳入市财政预算。

杨帆带领同事马上前往财政局沟通落实。当时，深圳正在推进财政改革，正对新建高校试行专项经费支持的方案。在初步交流过程中，深圳市财政局认为中科院深理工作为合作办学的高校，应该探索合作经费办学的方式。另外，由于深理工依托深圳先进院建设，已经有一定的办学基础，办学路径不同于其他高校，管理模式、人员聘用、经费投入机制等客观条件对市政府是一个全新的课题，没有可参考的样本。

取得相关部门的理解和支持，是争取经费的一个关键所在。冯伟副主任、杨帆处长组织多次内部讨论会，充分准备材料，决定从办学理念和初衷入手，再向财政局领导汇报，并邀请负责人员到办公现场考察指导，实地了解情况。7 月 24 日，财政局一位副局长在分管部门负责人的陪同下来到明珠校区，在听取冯伟、杨帆的汇报后，给予高度评价，支持深理工开展人才培养工作。8 月 7 日，时任财政局局长汤暑葵赴西丽校区参观指导，走访实验室，听取办学报告，对深理工的筹建给予高度评价，请筹建办进一步明确拨付经费的用途。至此，首笔办学经费顺利推进。

2020 年 9 月，经市政府六届二百三十一次常务会议审议通过，安排深理工第一批筹建经费 1.485 亿元。2020 年 11 月，财政局同意将中科院深理工纳入市财政预算单位。

深理工的筹建如火如荼

深理工校园建设以高标准推进，深理工明珠校区占地面积 67 万平方米，建筑面积 9.5 万平方米，包括教室、教学实验室、书院宿舍、图书馆、食堂、健身房等，满足初期办学条件。首批学生近 500 人已入园培养，首家试验性书院——曙光书院于 2021 年 11 月正式成立，开展"全人教育"。光明主校区规划占地面积 54 万平方米，建筑面积 56 万平方米，总投资 50.7 亿元。已取得土地不动产权证，办理建设用地规划许可证，并完成校园设计招标和方案设计。

深圳市已将学校建设和运行经费列入市政府年度预算和年度投资计划安排，三年累计投入筹建经费逾 12 亿元，其中，2020 年度 1.485 亿元，2021 年度 5.96 亿元，2022 年度 4.6 亿元，这是非常大的支持。

深理工具备前沿交叉领域的学科优势，聚焦"新工科""新医科"，成立生命健康、合成生物、计算机科学与控制工程、生物医学工程、材料科学与工程、药学六大专业学院。首批重点建设生物科学、计算机科学与技术、生物医学工程、材料科学与工程、药学五个本科专业，举办新时期工科教育论坛，探索拔尖人才培养模式。

为积累拔尖创新人才培养经验，深理工与国科大、中科大、南科大等高校开展研究生联合培养，近 3 年共获批研究生"戴帽"指标 950 个，所有学生已入校培养。为夯实本科教学体系，2021 年与国内知名高校联合培养本科生近 50 名，累计开设课程 39 门。已成立马克思主义学院、基础教学部、本科及研究生书院，可为学生提供思政、通识、升学就业、创新创业等全方位辅导。

杨帆透露，未受全球新冠疫情影响，先进院从国外转向国内高校招生，数量不降反升，取得重大突破。50% 以上的学生来自国内双一流高校，包括清华大学、上交大、西交大、电子科大、华南理工、西工大等。

先进院不断提升科技创新能力，持续深化体制机制改革，服务国家重大需求，推动科研与育人紧密结合，把高水平科学实践训练作为培养高质量创新人才的重要环节，为粤港澳大湾区经济社会高质量发展提供重要人才支撑。

社会捐赠助筹建一臂之力

2019 年 6 月 20 日，经办学团队多方奔走，深圳理工大学取得法人证书。虽然有了合法的办学主体，但摆在筹建团队面前的是一个"三无"的窘境——无经费、无校园、无学生。

出路在哪里？樊建平想到了 2006 年，正值盛年的他南下深圳，与团队成员拼杀出一条血路，才有了深圳先进院的今天。到底是什么因素支持他和研究院走到今天，他心中的答案就是深圳。这座城市给予他们的支持与底气有不落人后敢为人先的"拓荒牛"精神，这也是这座城市的独特气质……

很快，樊院长厘清了思路，要建设的是一所扎根于深圳的高等学府。它的诞生是为了支持深圳成为科技创新的高地，它的基因里蕴含着对深圳及深圳人民的热爱与奉献。因此，深理工应当首先凝聚社会共识。

樊院长的提议获得了筹建团队的高度赞同，"深理工教育基金会"应运而生。大学筹备办副主任冯伟和教育处处长杨帆迅速联系深圳市教育局、市民政局、市社会组织管理局，专程沟通设立基金会事宜。2019 年底，杨帆带队一轮轮修改注册材料、落实原始基金、与相关政府部门密切沟通，一切都在朝着好的方向发展。但 2020 年初，由于疫情防控，与政府部门的会见推了又推，电话沟通也是一拖再拖。见不了面，杨帆和团队就从材料上下功夫。他们查阅国内外文献资料，几易其稿，终于准备好了基金会的各项申报文件。在团队集体努力下，"深圳理工大学教育基金会"成为2020年春节后登记的第一家深圳市基金会组织。

2022年11月15日，深理工教育基金会成立

团队的努力加上政府的支持，一所没有去筹的公办大学能够率先成立基金会，在全国乃至世界都是绝无仅有的创举。事实证明，樊建平高瞻远瞩地启动成立基金会，对大学筹建期的人才吸引、科研保障和教育发展起到了重要的护航作用。2021年至2022年，全球宏观经济发展不容乐观，无论是企业还是个人捐赠的意愿都比较低迷，但在樊建平的领导下，深理工办学得到了社会的广泛认可。不积跬步，无以至千里；不积小流，无以成江海。基金会积小流、谋千里，累计获得捐赠超3亿元，净资产破亿元，再次证明了深圳人敢为人先的勇气，也为深理工的快速发展奠定了坚定的信心。正如樊建平所言："我们收获的不仅仅是捐赠的经费，还包括给予我

们勇气的同行者。我们从社会上获得了沉甸甸的信任，也感受到肩上更重的责任！"

【案例链接】一场双向奔赴背后的速度与温度

2022年高考后，安徽宿松县"扭扭车少年"张亮自强不息的感人故事打动了很多人。他的高考成绩是535分，超过安徽理科一本录取分数线44分，他在接受媒体采访时透露，憧憬去沿海城市上大学，希望到深圳就读深圳理工大学计算机相关专业。

6月28日上午，张亮在安徽省安庆市宿松县的家中等到了前来探望的深理工一行几人。他脸上挂满了笑容，说道："始料未及，猝不及防，受宠若惊！"一连用三个成语表达他的激动心情。

从得知张亮想读深理工，到深理工一行人见到他本人，前后仅用了40个小时。这背后有一个关于深圳速度和深理工温度的故事。

1. 一群人的火速行动

6月26日下午，深理工老师在网上看到了张亮"点名"想就读深理工的报道，并了解到，他虽然因先天"脆骨病"失去了独立行走的能力，频繁的骨折让他的身高停留在了1.3米，但他并没有因此抱怨命运，反而抱着积极乐观的态度面对生活和学习，还在2022年高考中取得了不错的成绩。

深理工老师当晚便辗转联系到张亮本人，并于次日（周一）上班后紧急召开会议讨论此事。最终决定，虽然深理工还在筹建阶段，今年不招生，但还是要向一直以来乐观生活、努力学习的张亮表示关注和关心。一方面，基于学院、书院、研究院"三院一体"育人组织架构和"文化素养、关键能力、知识体系"三维人才培养体系，形成了"一切以学生为中心"的教育理念。另一方面，像张亮这样自立自强的优秀品质也是将来深理工的学生所应该具备的。

于是，深理工一行人立刻赶往机场，准备搭乘下午3点50分的飞机前往安庆。这群火速行动的热心人队伍里，还包括一位深理工教育基金的首笔捐赠者、深圳亚太控股集团董事长韩治。

"他虽然在很小的时候就得了'脆骨病'，但是并没有因此就放弃自己，反而抱着积极乐观的态度面对生活和学习，并在今年高考中取得了不错的成绩。"张亮的自立自强让韩治非常感动，所以"就想尽自己所能，做一点事"。韩治在接到深理工老师的电话，了解了张亮的情况后，当即表示愿意资助张亮大学四年的学费和生活费。随后，65岁的他便一个人背着包赶赴机场，加入此次联络小组。考虑到张亮想学计算机专业，韩治还特地给他买了一台笔记本电脑。

深理工一行人与"扭扭车少年"张亮（中）合影

2. 鼓励和帮助温暖着坚毅少年

在张亮的家中，教育处处长杨帆向张亮介绍了深理工的筹备情况，虽然现在还没有开始招生，张亮无法进入深理工，但是深理工筹建的依托单位——深圳先进院每年暑期都会开展"优秀大学生夏令营活动"，也有"实习生"项目，会为被录取的优秀学子提供强大的导师阵容和一流的科教支撑。

深理工计算机学院教授唐继军向张亮介绍了计算机学院的相关情况，并为他在计算机专业学习方面答疑解惑。

此次，深理工计算机学院院长潘毅因公务无法亲自前来，但他写了一封信，鼓励张亮："每个人在一生中都会遇到挫折，只要坚持，就一定能成功。坚韧，可以守住生命中的阳光。计算机这个专业的前景很好，欢迎你和我们保持学术上的联系，过几年考取我们的研究生。"

张亮现场连线了深理工计算机学院院长潘毅院士。潘毅告诉张亮，深理工会为他未来的学业和科研生涯提供力所能及的帮助和指导。张亮对屏幕中的潘毅竖起大拇指，心底那颗坚韧的种子已然破土发芽："虽然现在上不了深理工，但大学一定会好好念，争取考研的时候往这个学校考。"

先进院综合处文宣办丁宁宁送给张亮一本名为《为创新而生》的新书，从这本书里可以更深入了解到深圳先进院科学家们的故事，吸取到宝贵的精神养分。

3. 这场爱心接力还在继续

丁宁宁透露，此次千里奔赴，张亮除了学费、生活费有了着落，学业得到了支持，他的身体情况也得到了广泛关注。"一位已经治愈的脆骨病病友给他提供了天津一位医生的联系方式；2020年7月，曾到安庆市义诊的广东医疗团联系到我们，希望能给张亮做一次全面会诊。此外，深理工药学院的一位研究软骨病治疗的教授在看到相关报道后，也表示想帮助张亮。"这场始于乐观与勤奋、饱含深圳速度与深理工温度的爱心接力，仍在继续着。

　　现在，张亮已经正式就读于安徽工程大学，深理工的老师们还和他继续保持着联系，关注他的成长，期待未来在深理工与他再相遇。

第七章 最理想的大学形态是怎样的

最理想的大学形态是怎样的？深圳理工大学的定位是世界一流研究型大学，这所大学的教授们又是如何定义研究型大学的呢？

深圳理工大学各学院院长、系主任，很多教授都是来自世界一流大学的知名学者，让我们来倾听他们的真知灼见。

新型研究型大学是国家战略科技力量的重要组成部分

樊建平介绍，研究型大学相对于传统教学型、应用型的大学，是世界各国经济、社会、产业发展的必然产物，是培养精英人才、加快科技创新、提升国际竞争力的重要支撑。西方发达国家诞生了一批研究型大学，比如，美国的哈佛大学、耶鲁大学、宾夕法尼亚大学、普林斯顿大学等30多所，欧洲大约有20所，亚洲有东京大学等不足10所，全球这些研究型大学属于世界一流大学，有三个共同的特点：一是曾经获得诺贝尔奖等重要奖项，代表人类对自然疆域的探索和突破，而且是方向性的突破，能够极大地增加人类知识的丰富度；二是这些大学对当地经济产生巨大贡献，研究成果不光体现为学术论文，而且能够应用到经济社会中，实实在在地促进经济的发展；三是培养出一流的人才，对人类社会发展贡献巨大。

樊建平延续着自己快人快语的风格："是不是世界一流的大学，不是自己说是就是，而是有很多客观的评价标准，要看这所大学是否扩展了新的知识疆域，是否对社会经济产生了巨大的作用。深圳理工大学争取十年之内进入全球大学的前 150 名、全国前 10 名，这个目标还是需要非常努力才能实现的。当然，我们最终目标是要成为世界一流研究型大学。"

以高水平科技支撑并引领高质量发展是大势所趋，也是需求所致。作为国家战略科技力量的重要组成部分，作为科技是第一生产力、人才是第一资源、创新是第一动力的重要结合点，高水平研究型大学责无旁贷。国家"十四五"规划纲要指出："支持发展新型研究型大学、新型研发机构等新型创新主体，推动投入主体多元化、管理制度现代化、运行机制市场化、用人机制灵活化。"新型研究型大学的创建，关系到高等教育新发展格局的构建和国家创新体系的提升。它是科技创新与创新人才培养双向衔接的结果，是对"钱学森之问"的时代回应。

因此，樊建平对深理工的未来满怀憧憬："深理工总有一天要成为世界一流的研究型大学，那个时候深理工将成为国际新知识中心，不断在大学中产生出新知识和一流的成果，形成中华学派。"

他介绍，一批先进的中国知识分子为了民族的未来，正在积极牵头创办新型研究型大学，包括南方科技大学的创校校长朱清时、领衔西湖大学的施一公和上海科技大学首任校长江绵恒，他们都希望为国家的科技进步和人才培养搭桥铺路，作为中国高等教育改革的探路者，想要走出一条新路。这些新型研究型大学肩负着培养创新人才和探索科学前沿的重任，是国家战略科技力量的重要组成部分，承载着实现高水平科技自立自强的历史使命。

其中，西湖大学是一所受国家重点支持的非营利性新型高等学校。2015 年，施一公等 7 位学者向习近平总书记提交《关于试点创建新型民办研究型大学的建议》，首次提出了新型研究型大学这一概念。2018 年 2 月，教育部正式批准设立西湖大学。施一公在西湖大学成立大会上发言："大学之大，不在大楼之大，而在大师之大。"西湖大学监事会主席、顾问委员会委员、西湖教育基金会理事，澳门大学第八任校长赵伟也积极为西湖大学的战略发展和重大决策出谋划策。如今，他被聘为深圳理工大学学术委员会主任，在南海之滨参与创建一所小而精的新型研究型大学。

世界一流大学有很多种

针对国内很多地方提出建设世界一流大学的现象，深圳理工大学学术委员会主任赵伟根据自己在美国高校多年工作的经验，指出："世界一流的大学有很多种，并不只是唯一。我在美国得克萨斯A&M大学担任计算机科学系主任之初，曾雄心勃勃地对校长说：'我要把咱们系办得可以媲美麻省理工学院计算机系。'校长说：'不，即使麻省理工学院办在我们大学的隔壁，还是会有成千上万的优秀学生想来读我们大学的。'我当时还有点不明白其中的道理。后来，摩托罗拉公司联系我去开会，谈人才培养的事情，我就对摩托罗拉的人说：'得克萨斯A&M大学还不是全美前十的学校，在州立大学排名第21位，斯坦福和麻省理工比我们的排名更靠前，为什么还要来找我们呢？'摩托罗拉的工作人员给我看了一张表格，是对他们公司的各个高校毕业生按照12个指标进行打分评比，包括创新性、领导能力、合作精神等。他告诉我，麻省理工毕业生的创新性得分最高，斯坦福毕业生的领导能力得分最高，但得克萨斯A&M大学毕业生的12个指标都排进了前三名，说明我们大学培养的人才素质比较完整、全面，因此摩托罗拉也很愿意招聘得克萨斯A&M大学的毕业生。这恰恰说明不同的大学有不同的特色和优势。因此，我们办大学，要有个性化。"

"什么是最理想的大学？我这半辈子绝大部分时间都泡在大学里，对大学有一些粗浅的认识和见解。与其他事物一样，在什么是理想大学的问题上，也没有绝对的标准。虽然专家们可能对此各持己见、争论不休，但人们心目中最理想的大学往往不过是一个时代最好的大学。"深圳理工大学计算生物与医学信息系主任唐金陵沉吟道，"文明更替，大学兴衰，九世纪的卡鲁因大学、十一世纪的博洛尼亚大学、十二世纪的巴黎大学、十三世纪的牛津大学，等等，它们何曾不是那个时代最灿烂的明星。时代变了，评判大学的标准必随之而改变。"如今，美国的大学无疑是世界大学中的佼佼者，但当今模式的大学已经暴露出诸多问题。当人类文明开始转移和变迁的时候，新的最理想的大学就开始诞生了。

"也许，未来的大学新星就在中国。无论如何，这样的大学必然是世界文明发展的催化剂，但它们的构思、建设和完善绝不可能是通过简单复制现今最好的大学完成的。深圳的大学和深圳这个奇迹一样，隐约肩负着这样的使命。也就是说，深圳理工大学不可能靠复制北大、清华或是哈佛、耶鲁就能实现超越，复制意味着追随和跟跑，而超越则需要挣脱旧束缚破茧成蝶。"唐金陵如此描述着未来的大学模样，语音里带着喜悦，并肯定地说了两遍："真的，我真是这样想的。"

唐金陵先后在伦敦、牛津、香港学习和工作了32年，是英国皇家公共卫生学院院士。曾任香港中文大学公共卫生及基层医疗学院副院长、署理院长，从20世纪90年代中期就开始在香港和内地推动循证医学和临床研究的工作，曾兼任由北京大学医学部13个国家重点学科组成的北京大学"十一五""211工程"循证医学学科群的牵头人，至今还兼任北京大学循证医学中心主任的工作。

唐金陵教授对世界科技进程有冷静观察和清晰判断："我从1995年就开始接触深圳。深圳是中国改革开放的桥头堡，在短短40多年里，从一个边陲小镇转身变成了一个国际范儿的大都会。这是人类史上此前从没有发生过的奇迹。因此，它必然代表了一种人类从没有经历过的巨大的进步力量，有与国际任何大都市都很不相同的性格和气质。我总想，文明有更替，城邦有兴落，如果中国必然崛起并引导世界，那么深圳就必然是目前中国甚至全世界最透着未来气息的城市，最能揭示未来社会、经济、文化发展动向的地方。那么，诞生在深圳的大学，就必然带着深圳独特的性格和气质，注定了会与众不同，注定了它们的历史使命。这是我想来深圳的深层次缘由，因此十分期待。"

研究型大学是产生知识的地方

"大学不是单纯传授知识的地方，大学首先是产生知识的地方，尤其是研究型大学，更要通过研究探索揭示自然规律，找到开创性的新知识。"深圳理工大学生命健康学院院长王玉田教授一针见血地说。

王玉田是加拿大皇家科学院院士、加拿大不列颠哥伦比亚大学（UBC）医学院中心终身讲座教授。UBC是加拿大排名前三的综合研究型大学，是加拿大国家实验室所在地，已培养了多位诺贝尔奖获得者。

深理工生命健康学院院长王玉田

王玉田教授认为研究型大学有五大任务：一是聚集一流的大师，一流的大师在这里进行开创性的研究，探索自然界的未知，找到它的规律，开创出新知识。

二是把最新的知识，特别要把获得新知识的方法传授给学生。不仅如此，更要尽可能地指导学生在实践中应用和转化获得的新知识。所以说，一流大学传授的知识都是一直处于科技的前沿，在图书馆和文献里是得不到的，不难想象这种大学里培养出来的多数学生也会是一流的，因为他们学到的知识非常新。

三是要把科技成果成功转化，为社会服务。比如斯坦福大学是美国著名的研究型大学，它不断产生一流的科技成果，然后在硅谷孵化成科技一流的企业，因为它的技术最前沿，成果转化也必然具有世界领先性。

四是建立起国际影响力，让全球一流的学生都向往这里。比如，UBC的理学院是加拿大高校中国际性最高且学生录取成绩要求最高的。

五是培养精英人才。大学每年会进行定性调查，看毕业生有没有进入一流大学当教授，或是成为企业家、政治家。当社会上的精英人才大多是这个学校培养的，学校的影响力和名声自然会越来越大，也自然能吸引一流的大师加盟和学生加入，即形成一个良性循环。

"我希望用10—20年时间将深圳理工大学变成一所国际一流的研究型大学，现在进展已经非常不错。在过去的一年中，许多世界顶尖科学家纷纷加入了深理工。"王玉田教授对生命健康学院吸引来的尖端人才赞不绝口。曾任美国埃默里大学终身教授的叶克强现任深理工生命健康学院生物学系主任、讲席教授，他是世界公认的小分子化合治疗药物研发的领军科学家之一，是治疗神经退行性疾病领域的国际权威人物。来自美国西奈山伊坎医学院药理系和神经系终身教授的韩明虎出任深理工生命健康学院精神健康与公共卫生学执行系主任、讲席教授，他曾获得美国精神分裂症和抑郁

111

症研究联盟（NARSAD）青年科学家奖、独立科学家奖，国际脑健康研究组织转化医学研究科学之星奖。德国科学院院士、德国神经学会主席海尔墨特·切斯特曼教授出任生命健康学院神经生物学系主任、讲席教授，被公认为神经胶质细胞领域研究的奠基人之一。

美国研究型大学的三个特点

叶克强教授 1993 年从北京大学化学系硕士毕业，随后考入美国埃默里大学攻读博士学位，1998 年赴约翰斯·霍普金斯大学医学院神经生物学系做博士后研究，三年半之后又回到埃默里大学任教。

成立于 1836 年的埃默里大学是顶级的研究型私立大学，被誉为"南方哈佛"，诞生了 5 项诺贝尔奖、7 项普利策奖和 6 位国家元首，常年雄踞全美前 20 名顶尖名校之列。

在埃默里大学工作了 25 年的叶克强教授，对美国研究型大学的特点有切身感受和深刻理解。他说："每个人对研究型大学的认识可能都不一样，在我看来，美国研究型大学有 3 个主要特点：一是以研究为主，教学为辅。有的教授甚至不用教学，专门从事科学研究工作，他们的任务是开展原创性研究，发现和产生更多新的知识。二是研究型大学的收入构成中，学费只占小部分，更大一部分收入来自政府、产业界和协会划拨的研究经费，杰出校友的捐赠，还有专利授权许可收入。埃默里大学原创药物的销售提成每年就能达到十亿美元。三是研究型大学从部门设置到软环境建设，都是有利于开展研究工作的。一方面，此类大学拥有执行力很强的行政部门，能帮助教授处理事务性工作，保证教授能集中精力做科研；另一方面，大学非常注重保护原创成果，法治环境对科学家的道德要求非常高，不容忍学术造假行为。"

叶克强对约翰斯·霍普金斯大学记忆犹新。世界上最早的研究型大学当属 1810 年成立的德国柏林大学，它开创了大学"研究与教学相结合"的先河。1876 年创建的约翰斯·霍普金斯大学后来引入该办学理念，它是美国第一所研究型大学，也是北美学术联盟美国大学协会的 14 所创始校之一。美国国家科学基金会连续 33 年将该校列为美国科研经费开支最高的大学，该校教员中有 37 人获得过诺贝尔奖。

叶克强的博士后导师是美国著名神经学家所罗门·哈尔伯特·斯奈德教授，斯奈德发现鸦片受体和一氧化氮具有一种神经递质的作用，以多巴胺假说来解释精神分裂症的原因（与艾伦·霍恩于 1971 年提出）。斯奈德的科学论文涵盖化学、心理学、精神病和脑功能领域，已赢得众多的学术奖项，包括 1978 年的拉斯克基础医学研究奖、1982 年沃尔夫医学奖等。

叶克强回忆导师时说："斯奈德教授给我树立了一个榜样，他不光发表了 2000 多篇学术论文，成为神经科学领域一座可望而不可即的丰碑，而且他还创办了多家企业，发明的新药成为资本市场的宠儿。所以科研和产业两手都要抓，两手都要硬，他就是一个成功的典范。"

研究型大学文化氛围兼容并包

研究型大学的学科结构是多元发展的，很少存在因为个别学科的发展而成为世界一流研究型大学的，排在世界大学前列的研究型大学都有若干学科进入世界大学学科排名前列，如哈佛大学和斯坦福大学分别有 18 个和 16 个学科进入基本学科指标数据库（ESI）排名体系的 0.1%[①]。世界一流的研究型大学都有兼容并包的文化氛围，促进学科的多元发展。对此，曾在

---

① 王亮. 世界一流大学建设的内涵、理念及路径研究［J］. 中国高校科技，2022（1-2）：13.

昆士兰大学工作过的白杨博士有深切的体会。

昆士兰大学是一所历史悠久的研究型大学，作为澳大利亚八大名校所组成的澳大利亚八校联盟的成员之一，其科学研究的经费及学术水平在澳大利亚的大学之中始终位居前三名，在全球高校排名位于前50的行列。

白杨曾在昆士兰大学读书和工作多年，他对昆士兰大学文化氛围最为赞赏："昆大文化氛围兼容并包，大师级科研人员可以心无旁骛地做研究，为了自己认定的研究方向可以坐上几十年的'冷板凳'，大学领导层和同事们营造的科研氛围是包容的，不急功近利，有利于科研成果的逐渐积累。而且国际合作很开放，课堂气氛很活跃，学生和老师之间是开放式、讨论式的，这些都旨在激发学生的探索欲望，培养独立思考的能力。"

白杨之所以选择来深圳理工大学工作，是因为这里的老师大部分有海外留学或工作的经历，深圳理工大学的文化氛围也强调开放和包容。"我之前了解到先进院在产学研方面首屈一指，深圳理工大学必然具有产教融合的优势，也具有国际化特色，这都非常契合我的期望，所以我想尽快融入深圳理工大学，开展科研工作。"白杨吐露心迹。

他对深理工的工作充满期待："虽然，我在澳大利亚昆士兰大学刷新世界太阳能电池效率纪录，但有机会参加国内一所研究型大学的建设，本身就是一种荣誉和挑战，这更值得我投身其中。也期待在深理工的平台上取得更多一流的科研成果。"

深理工有望成为一流大学

2021年初，张先恩出任深圳理工大学合成生物学院名誉院长，负责牵头筹建该学院，着手学科建设和学院发展规划、组建人才队伍、设置课程体系等筹备工作。

深理工合成生物学院名誉院长张先恩

　　张先恩的经历很独特，因此拥有广阔的国际视野。他曾任科技部基础研究司司长，后担任亚太经合组织（APEC）首席科学顾问会议中国代表、国家中长期规划战略研究基础研究专题专家组副组长、国家重点研发计划合成生物学重点专项指南专家组组长。张先恩对将深圳理工大学办成一流大学充满期待和信心。他认为，粤港澳大湾区的建设离不开人才和教育，国家出台了支持深圳建设中国特色社会主义先行示范区的意见和政策，在"双区驱动"的时代背景下，自上而下的顶层设计必须有人才和教育的强大支撑，那么，深圳理工大学可谓众望所归。

　　"除开时代背景，从深圳办大学的经验和先进院的多年积累看，深圳理工大学要办成一流大学也颇有优势。首先，与香港相比，深圳的生产总值是创新驱动型的，香港的经济支柱是金融、贸易、物流、旅游等，而香港已经建成了多所国际一流大学。现在深圳要办出高水平的大学，无论是必要性还是可能性都是毋庸置疑的。近些年，深圳大学和南方科技大学发展得很好，已经积累了丰富的经验。更重要的是，先进院在过去15年里，所取得的科研成就和人才资源大家有目共睹，尤其在学科交叉、产学研方面优势突出。作为一个新型科研机构，它有两个突出优势：一个是运行机制高效，另一个是'顶天立地'，将前沿科学和社会需求紧密结合。"张先恩说，"深圳理工大学对标的是斯坦福大学、加州理工学院这样世界一流的研究型大学，并不强调规模有多大，'小而精'和国际化是它鲜明的特色。例如，合成生物学院将成为国际上合成生物学人才集聚度最高的一流学院。因此，深理工通过全球招揽一流人才，尊重差异化发展，经过一段时间的积累，一定可以迈入世界一流大学之行列。"

第八章 深理工与其他大学有什么不一样

深理工是继中国科学技术大学、中国科学院大学、上海科技大学之后，中科院在国内设立的第四所大学。深理工重点布局合成生物学、脑科学、机器人与人工智能、生物医学工程、材料科学与工程、生物医药六大优势学科领域，建立学院、书院、研究院"三院一体"的人才培养模式，致力培养有产业意识的科学家、有科研意识的企业家，打造粤港澳大湾区具有中国特色的世界一流研究型大学。

在樊建平看来，建设一所新型研究型大学的主要目的是提升科研原创能力，要聚焦于实现"从0到1"的突破，切实解决国家发展和人类进步中的实际问题。高校作为学科和人才的聚集地、育人高地、创新策源地，必须主动承担历史责任，担当攻关重任，全面提升科研原创能力，服务国家发展重大需求。

深理工的三大特色

何谓新型研究型大学？国际著名高等教育学家阿特巴赫曾做过研究，他认为新型研究型大学应具有以下4个特征：充足的办学经费；相对扁平与独特的治理模式；一大批高水平的科技人才；在跨学科、有应用前景的领域进行重点布局。①

上述 4 个特征基本概括出了新型研究型大学的"新"。传统研究型大学强调学术研究的"象牙塔"属性，不过分强调学术研究的跨学科以及科研成果的实际应用。相反，新型研究型大学却强调"有用之用"，将学术研究的关注点聚焦于重大应用前沿，希望在较短时间内在多个领域获得重大突破。

因此，建设新型研究型大学，最少需要两个前提：第一个前提是充足的经费支持。给予科研人员足够的资源支持，才能实现科学研究的突破、创新与超越。第二个前提是足够多的高水平科技人才。科研是人才密集型产业，除了提供丰厚的薪资与充裕的教学、科研经费外，还需要面向全球招募人才。这就需要新型研究型大学提高自身的国际化治理水平。

为了把深理工建设成为新型研究型大学，从经费投入上看，深圳市政府给予了大力支持，可以确保深理工实现后发赶超。从人才吸引上看，2021 年 4 月，美国斯坦福大学发布 2020 全球前 2% 顶尖科学家榜单，深理工首批成立的 6 个学院的院长与已经到任的 2 名系主任均榜上有名，无疑彰显出深理工超强的实力。

樊建平介绍，深理工除了具备新型研究型大学的两个前提，还有三大特色：一是科教融合，二是产教融合，三是国际化特色。

科教融合是中国科学院办大学的优良传统。所系结合等一些很务实的做法，可以让大学生有机会在各个研究所承担项目，将科研能力迅速培养起来，研究生水平明显提高。深理工也将突出科教融合的优势，建立"三院一体"协同育人机制，探索国际化创新型复合人才培育新模式。该育人组织架构以人才培养为根本任务，以学生成长为中心，创新教育教学方法，

---

① 李锋亮. 新型研究型大学应该"新"在哪儿[J]. 中国科技财富，2022（3）：22.

形成"文化素养、关键能力、知识体系"的三维人才培养体系。

产教融合是深理工对国内高等教育的独特贡献。基于先进院在产学研方面的经验和资源，深理工大力践行"新工科""新医科"，构建集基础知识、科研实践、综合素养于一体的拔尖创新人才培养体系，打造创新创业的全链条培养环境。产学研协同育人，开展"有故事"的教学和"有价值"的科研，使各方资源转化为实际的育人能力。樊建平透露，像材料、生物专业这些被老百姓称为"天坑"的专业，以后在深理工将不再是"天坑"，反而将成为市场上抢手的专业，深理工周边孵化了一大批合成生物企业、脑科学企业和新材料企业，它们可以不断地吸纳深理工培养的优秀毕业生。

国际化体现在引进一批具有全球视野和国际学术影响力的师资，培养造就一批具有国际水平的战略科技人才、学术领军人才和高水平创新团队；面向全球招生，以丰厚的奖学金和科学的选拔方式吸引海内外最优秀的生源；与世界一流高校、科研机构进行交流与合作，实现国际化人才的本土化培养；深化与港澳高校的合作，引进精品课程、实现学分互认、师资互聘，打造粤港澳高等教育创新合作典范。

樊建平表示，国际化程度越高，国际交往越频繁，连通度越高，创新能力就越强，那是因为科学的繁荣孕育于自由交流和碰撞之中。而且，面向全球招生非常重要，很多一流创新成果是由学生做出来的，比如，互联网领域从"www"到 TCP/IP 协议，几乎都是年轻人搞出来的，大学能够吸引到全球一流的青年学子非常重要。

"一定是有一流的大师，再加上一流的学生，才能办成一所一流的研究型大学。"他语气坚定地说。

"三院合一"的办学理念吸引院士加盟

中国科学院院士成会明直言不讳道:"樊建平院长提出'三院合一'的办学理念,是吸引我加盟深圳先进院和深理工最重要的原因,我认为这是一种非常理想的科教融合模式。"

"我在中科院的研究所工作了很多年,2016年到2021年又在清华大学深圳国际研究生院工作了5年。该大学一般以教学为主,在科研方面大多是一位教授带着硕士和博士研究生、博士后开展工作,每年有很多学生加盟,其优点是思维活跃,教职岗位相对比较稳定。虽然科学院系统的研究所也有研究生教育,但学生规模相对较小,科研任务主要由教师完成。大学的这种架构因学生的流动性大,很难围绕一个重大科学问题从事长期的研究,更难围绕一个'卡脖子'问题开展长期技术攻关。科研院所则可以根据重大需求组织队伍,集智攻关。"成会明进一步分析道,"因此,樊院长提出'三院合一'的理念,就是'学院+研究院+书院'模式。书院主要是从事学生思想教育、人文素质培养等,将学院和研究院两者结合在一起,就有机地融合了大学的优势和中科院研究院所的优势。这是近20年来,我国一直在推行的'科教融合'的最佳体现,某种意义上也是未来科技产生的方向,我们现在都在为这个目标而努力。"

他说:"我们引进的杰出科研人才可以在深理工这个相对稳定的大学平台上思考和布局自己的中长期学科发展方向,又可以根据需要,按照科学院的模式组建一支稳定的科研团队,包括研究员、副研究员、助理研究员、工程师等,在一段相对稳定的时期潜心研究,针对重大的科学问题和'卡脖子'技术问题开展坚持不懈的研究,一直做到成功,这就真正具备了'十年磨一剑'的科研环境。"

启发和鼓励学生从事创新研究

据统计，2010 年至 2020 年我国材料科学领域发表的所有学术论文中引用次数最高的 10 篇论文里有 4 篇出自中国科学院成会明院士团队，而且都是以研究生和青年科研人员为主力。成会明院士究竟有什么诀窍呢？

"我主要从事的是研究生培养，我认为研究生教育最重要的就是要启发学生用创新性思维做创新性工作。"成会明微笑着说，"我经常讲，在研究的小方向上，你们就是我的老师，你们懂得的应该比我更多。如果做的东西都是我知道的，那肯定就不是创新的东西。所以，我们的研究生就是按这样的理念去培养的。我一般不给学生定什么条条框框，也没有必须发表多少篇论文的硬性要求，只是告诉他们需要站在前人的肩膀上去思考没有发现的问题，去解决新问题。"

"料要成材，材要成器，器要有用。"成会明常用中国科学院原院长路甬祥院士的指示鼓励学生做有用的材料和器件。虽然有些研究工作有可能发表一些论文，但是却没有多少应用价值，那从一开始就要尽量少做这方面的研究。

成会明常常叮嘱他的研究生和青年员工："任何问题都不要仅从负面去看，一定要从正面看，即使失败了，也可以从失败中吸取教训，告知后人失败的原因，也是有意义的。从正面去理解，才会越来越有信心坚持下去，而不会变得垂头丧气。现在有些年轻人遇到问题和困难时，总是从负面去看，导致情绪低落，甚至会出现一些心理问题，这就不好了。我始终坚持从正面看待问题，乐观向前。"

作为深理工材料与能源学院名誉院长，成会明暂时负责该院的科研战略方向："科研要落在应用上，主要是聚焦于人类未来发展最重要的三个方向——信息、能源和健康，因此，材料与能源学院拟首批设立电子信息材料系、智慧能源材料系和生物医学材料系三个系。"

信息材料是支撑信息技术发展最重要的物质基础。先进院在电子信息材料领域已经有十多年的积累，在深圳市的大力支持下，依托先进院建立了电子材料院。材料所和电子材料院这两个平台吸引了一批优秀人才，为产业界解决了不少"卡脖子"的技术难题。在人类健康方面，无论是在医工所还是在医药所、集成所，都有相应的团队开展与生命健康相关的研究。

为了做好能源材料领域的研究工作，成会明在先进院牵头建立碳中和所，目前下设先进储能技术研究中心和低维能源材料研究中心。实现碳中和的关键是能源结构调整，开发和利用可再生能源是实现碳中和的根本途径，而能源材料则起到关键性的作用。

生命健康学院鼓励探索未知

"深圳理工大学首批建设六个学院，生命健康学院为其中之一。秉持着'持之以恒，探索生命奥秘；严谨审慎，寻求科学真谛'的愿景，生命健康学院从人类健康的需求出发，融汇国际创新资源，发展生命与健康前沿交叉学科，探索生命与智能的本质。通过教育模式创新，培养具有社会责任、科学素养和国际视野的复合型创新与创业领军人才，促进'新医科'发展，服务人类健康。"王玉田介绍，"生命健康学院的建院理念是有所为、有所不为，就是说我们要从小到大地发展，从'少而精'走到'大而全'。"

王玉田根据深圳先进院的科技人才储备、社会的需求和学院学科定位及专业特色，建议生命健康学院首先设置 4 个系：生物学系、神经生物学系、智能交叉科学中心、精神健康与公共卫生系。其中，生物学系聚焦生物体发生、发展和疾病演变过程的基本规律，以及外界环境对生命的影响，研究生命现象和疾病机理；神经生物学系着眼神经系统的结构和功能，深入研究大脑产生行为的发生机制；智能交叉科学中心聚焦解析生物体结构与活动信息，理解生物信息处理机制和智能基本原理；精神健康与公共卫生系揭示和理解认知及情感障碍影响人的高级功能和精神疾病的发生机制，对重大流行疾病和突发传染病进行预防和干预。

对比中西方教育时，王玉田提到不同之处，国内学生习惯灌输式教学，知识比较全面和系统；西方的学生知识不全面、不系统，但具有更强的探索和挑战权威的精神，喜欢批判性地提出问题，并主动寻找答案。新型研究型大学的教授应融合国内外教学的长处走出一条中西结合的教学新路。深理工生命健康学院老师会多采取启发式教育，鼓励学生用批判的眼光去发现新的问题并主动解决问题，在传授知识的同时，引导学生去伪存真找出自然规律。更注重培养学生自学的能力，使学生具有终身自学更新知识的能力。

王玉田教授说："我们会按照教育部大纲的要求设置课程，但每一个课程会在此基础上有一定的革新。首先，按照教学大纲的指导，每门课程设计和组织主要由1—3个老师来主导，但讲课并不局限于这些主导教师，每一章节尽可能由在本方向研究做得最好的老师来授课，只有一线研究的老师才有可能引导学生了解本领域目前急于解决的难点问题及前沿进展。因此可能有10—20个老师参与整个课程的教学，学生就有机会获得最新的知识。其次，我们会配备学业和生活'双导师制'，学生和导师建立起引导关系，尽早让本科生在课余时间到学业导师实验室里参与一线研究课题，进行实验训练。所以讲课内容既包括教学大纲内容，同时又扩展了目前的研究进展，还加上实验室的环节，考试也包括从实验室得到结果，培养学生的独立思维和动手能力。"

创办中国合成生物学竞赛，营造创新的环境

深圳理工大学首批建设 6 个学院，合成生物学院为其中之一。其教研岗位中 80% 人才为得到各类人才计划支持的学者，体现学科的高交叉性。

"深理工合成生物学院的使命包括：通过基础学科和交叉学科训练，赋予学生知识和能力，造就未来硬科技人才；造物致知，探索理解生命新途径；造物致用，催生未来基因生物技术。"深理工合成生物学院名誉院长张先恩的话语掷地有声。

张先恩从全球生命科学格局出发，指出中国生命科学已具备三大优势：第一，研究水平普遍提高，几乎在生命科学各个领域都有卓越的研究成果。从趋势看，继续扩大影响力属于必然。第二，队伍不断发展壮大，形成金字塔人才结构。在生命科学及其交叉学科领域有优秀的青年后备团队。第三，国家高度重视生命科学，已经设立了合成生物学、脑计划、干细胞与器官修复、生物大分子机器、微生物组学、前沿生物技术、IT（信息技术）–BT（生物技术）、诊疗装备、中医药、慢病防治、生殖健康等一系列重点计划和专项，并有明确的战略发展目标。国家自然科学基金鼓励探索和原创等，加上中国科学院战略性先导科技专项等平台，共同协调我国生命科学研究。

他冷静地指出，虽然我国生命科学研究已取得长足进步，但仍有亟待解决的问题及新的挑战。"首先，要理顺各科技创新模块的定位和资源配置。经过 40 多年的发展和持续改革，我国生命科学研究力量分布已经形成几大模块，但产生同质化和无序竞争。比如，一个生命科学基础研究 70% 以上的年度经费需要通过与其他模块同行竞争获得，这不同于国际上的通行做法，难以形成'铁打的营盘'和'百年老店'，也增加了整个科研体系的管理成本。"张先恩不无忧虑地说，"虽然我国的生物技术对人类健康和粮食

安全做出了巨大贡献，但与发达经济体相比还有不小差距，需要加快解决生物技术转化的难题。"

深圳理工大学合成生物学院设置生物科学系和工程生物学系，生物科学系提供系统生物科学基础理论和实验技能指导，工程生物学系提供交叉科学和应用科学指导。该学院设置 10 个特色教学平台，包括定量合成生物学、基因组合成、合成生物化学、智能细胞、合成微生物学、合成免疫学、合成生物传感、生物人工智能、生物材料、生物信息，这些特色教学平台与先进院合成生物学研究所的各个研究中心紧密捆绑在一起，学生可以根据个人兴趣选择不同的教学平台，也可以进入不同细分领域的实验室，接触最新的科技前沿，为今后深造和择业做准备。

为了鼓励大学生在合成生物领域的创新实践活动，深圳理工大学合成生物学院和深圳先进院合成生物学研究所在中国生物工程学会合成生物学分会的支持下，于 2022 年 7 月成功举办首届合成生物学竞赛（Synbio Challenges）创新赛，开始打造合成生物学竞赛中国品牌。

张先恩介绍道："我们知道，被誉为'合成生物学世锦赛'的国际基因工程机器大赛（iGEM）由麻省理工学院创办，要求参赛者将信息技术和生物技术相结合，利用生物模块构建基因回路、建立有效的数学模型。我国每年有 100 多支学生团队参加该大赛，近几年均保持 30%—40% 的金牌概率。2021 年，中国学生参赛队伍超过 150 支，获得金牌数超过 40%。这说明我国大学生在合成生物研究方面具有充足活力。既然中国学生如此踊跃，为什么不能在中国境内主办类似的赛事呢？实际上，我们已经为此酝酿了多年，2022 年得到落实。"

竞赛活动由 28 所著名高校和机构联合发起，中国生物工程学会合成生物学分会指导并主办，深圳理工大学合成生物学院、深圳先进院合成生物学研究所、深圳合成生物学创新研究院、深圳市合成生物学协会、

DeepTech 等联合承办。大赛为青年学生提供了一个相互学习、交流的平台，鼓励学生创新、创智、创造，展现新一代青年人的精神和风采。专家组来自国内外多个地区，通过现场或网络与学生互动。赛程当日，网上观看人次超过 220 万，社会效益极为显著。张先恩自豪地说："合成生物学院的专家、管理人员全身心投入，保证了首次赛事的成功。我作为竞赛活动的主席，与大家一样深感荣幸。"

药学院的愿景是"病有所医，疾有所药"

美国生命健康产业起源于 20 世纪 60 年代，堪称近 10 年增速最快的产业。尤其在美国 2008 年金融危机之后，生命健康产业已经成为美国经济的重要支柱产业，占 GDP 的 25%。

相比美国日益发达的生命健康产业，我国目前在 GDP 中占比不到 10%。二者存在巨大差距，也意味着还有巨大的发展潜力。而且我国生命健康产业仍以医疗服务和医疗商品为主，二者占比高达 95% 以上。

欧洲科学院外籍院士、深圳理工大学药学院院长陈有海指出："我国生命健康产业，尤其在生物制药领域比较落后，很重要的一个原因是缺乏这方面的领军人才。我国从事新药研发的人数仅为美国的 1/4，而人口是美国的 4 倍，所以我们急需培养生物制药领域的科技人才。"

陈有海说："医学界预计在最近 10 年之内，大部分癌症的治疗将会实现突破，会产生巨大的经济效益，而研发抗癌新药必将有巨大的市场。治愈癌症最重要的手段就是免疫治疗，2020 年我回国以后，在深圳先进院牵头成立了癌症免疫研究中心，目的是聚焦肿瘤治疗，运用跨学科方法，立足原创性基础研究，开发新型免疫药物。"

此前，他曾担任美国宾夕法尼亚大学病理学和实验医学系终身教授、宾夕法尼亚大学医学院教学委员会主席。他从决定全身心投入深理工建设之后，就彻底辞掉了美国的教职。"我和樊建平院长有一个共鸣的地方，就是都想在国内建立一所世界一流的大学，当时说要对标哈佛大学、宾夕法尼亚大学、麻省理工学院。这个理想把我从美国拉回来了，我觉得这件事很值得去做。既然选择了深理工，我就要长期守在深圳，以深圳为家。"

深理工药学院院长陈有海

陈有海介绍："深圳理工大学最重要的特色是重基础、重前沿、重社会需求，希望吸引最好的学生到这来，不仅是中国学生，还包括世界各地一流的学生。先吸引来一流的教师，也就会吸引到一流的学生，那么，这个大学肯定是一流的。目前，国内对'世界一流大学'的定义简单化，普遍认为具有一流的排名就是一流的大学，但这不是办大学想追求的东西。我们认为，大学最重要的就是它对社会影响力有多大，对社会实际贡献有多大。比如说，药学院研制出了几个新药，拯救了多少人的生命，这就是它对社会实实在在的贡献和影响，对我来说，这比简单的大学排名重要得多。"

具体说到药学院的建设，陈有海充满信心地描述道："药学院的愿景就是'病有所医，疾有所药'，使命就是'通过卓越的医学教育、研究与转化，用创新药物清除所有疾患'。所以，我们药学院立足于前沿，做有原创意义的新药。组建4个药科学系，建立药学教学体系，引进国际一流的药学人才。争取5年内，将药学院建成国内生物制药领域的知名学院，生物制药、临床药学、智能药学和药剂学科达到国内领先水平；10 年内达到国际一流水平，建成一个集组学、药学和人工智能于一体的智能生物药学创新基地。"

他欣喜地介绍道，深圳理工大学已经从全球吸引到不少顶尖人才：美国芝加哥 Rush 大学原终身教授陈棣担任深理工药理学系主任，约翰斯·霍普金斯大学原副教授潘璠担任生物制药学系主任，瑞士科学院院士 Horst Vogel（霍斯特·梵格）、英国皇家学会院士 John Roger Speakman（约翰·罗杰·斯皮克曼）、意大利国家研究院院士 Diana Boraschi（戴安娜·博拉斯基）3 位全职外籍院士，以及约翰斯·霍普金斯大学原副教授王志斌、德国柏林工业大学殷勤博士等加盟深理工药学院，组建了一支国际化的师资队伍。

那么，药学院在教学上如何创新呢？陈有海说："基础理论要学得扎实，深圳理工大学药学院会再增加一层新的教育知识体系，也就是创新药这部分内容。所谓创新药，就是现在还没有或刚刚问世的药物，包括生物药和细胞药，这些知识只会出现在一流的科研团队，一般的传统大学就非常缺乏这部分最新的知识，培养出来的学生在知识上落后了至少两年，在就业的时候就没有竞争优势了。因此，研究型大学的优势就在这里，科研和教学紧密结合，培养出来的学生才具有很强的竞争力。"

研究创新药，实际上是一个非常漫长的过程，陈有海是如何面对这个过程的呢？他的回答是："要坚信一定能成功，坚信知识的力量，也许最后做出来的成果，已经与刚开始的设想完全不一样，但只要坚持下来，最终还是能做成的。"

谈及所钟爱的生物制药技术，陈有海的眼睛里会闪耀着极亮的光，让人确信他是发自内心喜爱该专业技术。

"这是我很感兴趣的一件事情，因为我觉得药物能改变每个人的人生，我们的平均寿命从 40 多岁延长到 70 多岁，以后如果再有其他的新药诞生，我们的平均寿命有望达到 120 岁。所以我对研发新药非常感兴趣，觉得这是一个很有意义的事业。"

虽然他现在能确信自己最热爱的研究方向是生物医药，但在早年求学的时候，也走了一段弯路。"我开始也是走错路了，本科阶段我学的是临床医学，可实际上我对临床医学不感兴趣。之所以报医学院，全因为我奶奶是个中医大夫，我受到她的影响就报考了医学院，但我内心最感兴趣的是数学。结果一上医学院，我发现最感兴趣的偏偏是那些理论的东西，而不是临床，所以在医院里的一年实习期间，压力很大，觉得自己面对病人无能为力，因为当时国内的医疗水平不佳，看完一天病人，觉得能实现的价值实在太少了，改变不了大部分疾病的走向。后来，就发现我的真正兴趣是研究新的东西，研发新的药物，发现新的理论，我对理论的兴趣更大，也是走了一些弯路之后才发现兴趣在哪里。把现有的实验成果顺利推进，发现更多更好的药物，能在临床上应用，解决病人的痛苦，这就是我最大的愿望。"

陈有海给年轻人一句忠告，他强调："你一定要找到自己这辈子最喜欢和最适合做的事情，因为做你最喜欢的事情，就最容易成功。"

他语重心长地说："你要不停地寻找，在不同的人生阶段要不断地尝试，最后肯定能找到你最喜欢的方向。作为教育者或者家长，我觉得一个最重要的任务就是帮助孩子早日找到他最喜欢做的事情，越早找到，对孩子的人生发展越有利。"

博学而儒雅，尊重和鼓励每个人；无比坚定，从他深邃的目光里，可以感受到一种力量，坚信技术的力量是无限的。如果能够让时间安静地沉淀下来，他的创新空间会更加辽阔。对未来越有信心，对当下就越有耐心，只有耐得住寂寞，才能沉得住气，完成那些更大的挑战。我国方兴未艾的生物医药产业恰恰需要这样的领军人物。

深理工要办得"小而精"

潘毅正式就任深理工计算机科学与控制工程学院院长前，曾担任美国乔治亚州州立大学计算机系和生物系系主任、文理学院副院长，推动该校计算机系从平平无奇一举跃入美国大学生物信息领域的前列。2021 年 2 月，潘毅当选为美国医学与生物工程院院士；4 月，入选全球前 2% 顶尖科学家榜单；5 月，Guide2Research 发布了第七版计算机科学和电子领域顶尖科学家年度排名，潘毅成为国内唯一入选 TOP1000 计算机科学家榜单的生物信息学学者；8 月，联合国科学技术组织公布了 53 位联合国科学院首批院士，潘毅位列其中。

深理工计算机科学与控制工程学院院长潘毅

在人才引进和培养中，他结合海外的工作经验，参照国际知名高校的人才遴选制度和培养模式，力求为高科技人才创造理想的研究环境，并培养学生与国际接轨的能力。

潘毅教授对人才的培养有独到见解："针对不同的人才，培养的模式也不一样，而我们深理工'小而精'，在人才培养方面有可能做得更好。我喜欢一个师父带着几个徒弟近距离辅导，这是真正的紧密合作和交往。学生除了可以从老师那儿学到基础知识和计算机专业知识，还能学到一些人生精华，包括社交能力、文化品位等，各方面都学到一些，这对于年轻人的成长也很重要，'小而精'的大学就有可能达到更理想的育人效果。"

他分析道，针对本科毕业就想去企业工作的学生，培养他的动手能力可以发挥较好的作用，可以通过鼓励他多参加比赛激发动手能力。2021 年开始，深理工便组织本科生和硕士生参加 2021RoboCom 机器人开发者大赛、腾讯"觅影"医学人工智能算法大赛等活动，取得了优异的成绩。想去读硕士，就要注重基础教育并让他发表一些论文。想去读博士，那不光靠基础教育和发表论文，还要注重培养他的研究能力，培养发现问题、提炼问题、解决问题的能力。

他回忆在美国大学育人的心得体会："我在美国如何招博士生呢？我们系今年如果有 20 个新的博士生进来，我让每个教授先去挑，挑到最后剩下的学生留给我。一方面是因为我是系主任，要大公无私，要做出榜样；另一方面原因是我对自己培养学生很有信心，曾经有一名来自我国的大专生，而且是英文系的大专生，我培养他读完硕士和博士，如今他在美国一所大学担任教授。通过对他的培养，他成才了，我改变了他的人生，我的幸福指数也提高了。"

潘毅曾说："假如在我离开这个世界的时候，能有一百个年轻人说：'潘老师是我的贵人，是他给了我人生的启发，他使我的人生变得更加美好。'那我就知足了，我会因此而感到非常幸福。这是金钱买不到的幸福，也是一种价值和财富的体现。如果你把大量时间花在追求名利，而不是去帮助他人，你的人生其实并没有多大意义。我觉得人生的意义在于，自己获得幸福感后，能够再尽力去帮助他人，大家一起分享幸福，我们的生活才会更加美好。"

从潘毅的话语里，能感受到他自信而快乐的光芒。那是源自内心的知足常乐的光，相信幸福能在有限中感受无限，在单薄中感受丰盈，在缺憾中感知圆满，在匮乏中感知充足。在深理工的这个全新平台上，潘毅不仅向年轻人传授顶尖的计算机知识，而且传递着感知幸福的能力。

深理工将给学子国际化视野

深圳理工大学生命健康学院生物学系主任叶克强教授曾在美国研究型大学有 20 年执教经验，对教育有自己独到的看法："前不久，我在美国埃默里大学带的最后一个博士生毕业，她本科和博士都是做生物分子学研究，可她并不想当科学家。因为她发现自己对知识产权很感兴趣，我就鼓励她去做专利转化方面的工作。我所教的学生中，除了做大学教授的，也有做律师、做记者、做企业高管的，各自的就业方向很不一样。来到深理工，我发现学生也是各式各样的，有的对生物学很感兴趣，我们除了教授课本上的知识，还会增加专题讲座，让学生了解最新的科技前沿，开阔视野，也会带他们去实验室做实验，寻找答案，这些学生有钻研精神，就能学出硬本事。还有一部分学生，可能未来想做别的工作，生物学只是暂时的兴趣，那么我也鼓励他们多参加其他科目的选修，找到自己真正感兴趣的方向，然后深入。我一直强调因材施教，让学生能热爱和享受自己做的事情，而不是强迫孩子一定要走哪一条路，不是每个孩子都要成为科学家。"

作为生物学系主任，叶克强希望给学生传递不同的信念。他说："我们跟传统高校生物系会有一个很不一样的地方，深理工大多数老师是来自北美、欧洲著名大学的资深教授，海归教授会给学生带来一个全新的视角，这些教授都有产业化的梦想，或者已经走在产业化的道路上，那么，学生有机会接触到这些既做科研还做产业化的教授，也会效仿，他们对人生的思考就有了更多选择，可以做产业，还可以去公司或者在高校执教，也可以通过成果转化变成亿万富翁，这两个丝毫不矛盾，他们的眼界会大开。孩子们的世界有无限种可能，我们只需要为他们打开那一扇窗，告诉他们外面的世界有多精彩。"

叶克强回忆了一段亲身经历："我结束博士后研究，向斯奈德教授辞行的时候，他对我说了一句话：'Money takes care of itself'，我理解这句话的意思，'金钱可以照顾好自己'，可我当时并不明白这句话背后的真实含义。后来我去埃默里大学，越做越好，就有学校想挖我走，自然身价越来越高。虽然我从没有考虑钱的事情，可身价就是越来越高，这不是钱可以照顾好自己吗？随着自己有发明专利，被人买去，就有几百万来找我，之后又办企业，再谈融资的时候就是以亿为单位了，这不就进一步地验证了他讲的'Money takes care of itself'的道理吗？我天天在想着科学研究，集中精力去回答科学问题，从来没有想过发财，可钱自然而然就追随着专利而来，追随着创新而来。所以20多年之后，我才真正领悟到斯奈德教授说的这句话的真谛，其实这也是他自己人生的真实写照。"

"因此，我在教学的时候会告诉年轻学子，我们做科学研究的目的不仅仅是发表文章，不仅仅是在实验室狭小空间里面就看着自己会干的那点事情，还要永远想着社会需要我们解决什么问题，要勇于承担社会的责任，做社会的担当。作为一个科学家如何才能实现自己的社会责任？那就是提供一个产品满足社会的需求，所以说在教学过程中就应该让他们知道选择可以多样化，不是非要考一个研究生或者一定要学某个热门专业不可。如果你真正对自然科学感兴趣，完全可以做到二者共存和共赢，完全可以集优秀的科学家和优秀的企业家于一身，为社会做出更大的贡献，只有用自己的发明创造来改造社会的时候，才能无愧于一个真正的科学家的称号。"

叶克强对人生最深的体悟就在于此，他希望在深理工培养出更多能追随内心兴趣去做一番有利于社会事业的学生。只要每个人都勇敢地追寻自己的理想，不去抱怨生活或计较蝇头小利，活出生命个体特有的精彩，那就是幸福的人生。

科教融合应该以学生为中心

"既然科研的目的是培养人，大学的目的更是培养人，科教融合更要以学生为中心，这是深圳理工大学跟其他大学不一样的地方。"深圳理工大学学术委员会主任赵伟教授介绍道，"我们在深圳理工大学实施科研经费、教学经费和学生经费分开，学生经费要真正花在学生身上，比如，《三叶草》是深理工学生自己的一份小刊物，是校园文化的一个组成部分，会把学生经费用在学生身上单立名目，完全到位，公开透明。"

书院模式是现代大学一项重要的制度。1280 年英式书院形成，如剑桥、牛津。20 世纪 30 年代，一种建立在学生宿舍基础上，由师生共同构成的小型住宿书院在美国兴起，如哈佛、耶鲁、普林斯顿。赵伟教授对一流大学书院模式深有研究，也曾在澳门大学进行过实践。2010 年 9 月，澳门大学开始试行"住宿书院计划"。在横琴新校区，全面推行"住宿式书院"，为学生提供独特的全人教育。赵伟教授制定了"四位一体"的新教育模式，即专业教育、通识教育、研习教育以及社群教育，旨在培养"爱国爱澳，博学笃行"，不断进取，引领社会发展的优秀人才。

2018 年，深理工专门设计了学院、书院、研究院"三院一体"的育人组织架构，以人才培养为根本任务，以学生成长为中心，创新教育教学方法，借鉴世界一流大学培养创新型人才的成功经验，打造深圳首家以院士领衔，以学生为中心，由全职、专职辅导师团队进行育人服务的住宿书院。

赵伟教授面对深圳理工大学的校园设计图，介绍道："我们有意让几百名学生在一个书院里多交流，理工科学生跟文科学生互动，商科学生可以跟法学专业学生互动，这样会形成一个默契的朋友圈，对学生的成长非常有用。书院制提倡'全人教育'，促进人的整体发展，关注学生的心智、情感的发展，使学生能够具备综合能力，助力长远发展。我们计划在深圳理工大学做6—10个书院，书院的名字一半以中科院的代表性科技成果命名，一半以深圳重要标签来命名。"

深理工首家书院——曙光书院成立

2021年11月26日，深圳理工大学明珠校区举行曙光书院成立典礼。作为深理工首家书院，该书院由中国工程院院士、曙光高端计算机创始人李国杰担任荣誉院长，国际欧亚科学院院士、深理工筹备办主任、深圳先进院院长樊建平担任院长。

首批约120名本科生和硕士生入住书院，接受书院制管理和全人教育。未来，学生人数将逐步扩大至500人规模。书院实行"双导师制"，为学生的学术发展、升学就业、职业发展规划、创新创业、情绪支持和人文关怀提供全方位和个性化的辅导。

樊建平对曙光书院充满期待，希望学生在品行上遵循"做人做事要知礼达礼，做学问和开创事业要坚守诚信"的原则，在学术上尊崇中科院的科学精神和求真精神，工作上落实深圳的务实精神，在能力上学习"曙光"精神，勤奋刻苦，培养创新能力，奉献社会，报效祖国。可概括成"明礼守信，求真务实，博学创新，科技报国"。

深理工曙光书院外景

李国杰院士明确表示:"书院各项工作着力培养人的内驱动力,要让中华文化的优秀传统和百年来共产党人的奋斗精神融入青年一代的内心,扛起振兴中华和促进人类文明的重任。"

2022年3月14日,往日以"快节奏"闻名的深圳在一夜间进入"慢生活"状态。务实、高效的深圳人团结一心,积极抗疫,留在先进院的1589位(含明珠校区403位)师生也尽自己所能,以科研之名守护着这座可爱的城市。实行封闭管理期间,教育处、学生处和综合处安排出20多人与同学们同吃同住,实验室里仍然灯火通明,夜以继日地开展着科学实验。

赵伟教授介绍:"全体师生为了一个共同的梦想,坚韧不拔地奋斗,在封闭管理期间,举行了学生和校长面对面沟通,我出面直接解答学生的问题,逐渐打消他们的顾虑。比如,学生们要自由,我会告诉他们这没错,但第一步要自知,才能做到自立、自信、自强,最后才有自由。又如,学生临近毕业,我们会让毕业生给母校留下一套石桌石凳或者种下一棵树,表达对母校的感恩之情。学生的品质教育就是要落实到点点滴滴，这也是以学生为中心的具体举措。"

深理工校园设计堪称现代经典

"我对深圳理工大学的校园设计比较满意，依山而建，风景秀丽，核心建筑设计得非常现代，有的建筑很'先锋'。"赵伟教授微笑着说。

位于校园核心位置的湖畔图书馆就是一座经典建筑，将成为校园的人文地标。图书馆吸取了中国传统景观建筑"园中园""馆中馆"的设计理念，着力表现主活动空间与多元化空间、实体与虚拟配置、动区和静区之间的关系，能有效满足读者对信息获取、知识探索和分享交流的需求。

建筑主体外形很前卫，图书检索序列盘旋而上，从人文艺术到科技前沿，将各系列主题的馆中馆串联起来，塑造出一个集学习、展示、社交、路演功能于一体的综合体。半透明遮阳表皮将多空通透的主体包裹起来，图书馆仿佛漂浮于水面之上，充满律动和神秘的气息。

国际交流中心位于学校主入口广场北侧，与综合楼临湖相望，共同构成对外交流及展示的主形象单元，设计风格采用开放、前卫、先锋设计形式。在建筑群落整体布局上，水院、竹院、石院形成独具岭南特色、层次丰富的院落式建筑群。图书馆前广阔草坪融入报告厅的对外视野之中，给予观众开阔、绿色、轻松的视觉感受。同时，采取严格的声学环境设计，确保语言和音乐兼有的使用需求，为学术报告和艺术表演带来绝佳的听觉享受。

根据规划，2023年12月，深圳理工大学校园第一期工程将完成并交付使用，2024年底全部建成。聆听了赵伟教授的精彩描述，这座现代化的大学校园已经栩栩如生，十分令人期待。

深理工主校区校园规划图

　　赵伟教授曾在海外高校任教，包括赵伟在内的所有人，都觉得先进院取得的成就不可思议，是深圳科技发展史上的一个奇迹。当赵伟教授躬身入局，为了将深理工建设成为国际一流的新型研究型大学与樊建平并肩作战时，他对披荆斩棘、筚路蓝缕的创造性工作体会更为深刻。

　　深圳理工大学的启航，是一场科教融合的探索之旅、产教融合的创新之旅，肩负着模式创新和科技创新的双重使命，必将载入中国教育发展的史册。

第九章　如何实现高端科研资源与基础教育融合发展

　　深圳科技创新氛围浓厚。深圳先进院开放资源，为深圳的科创布局起到支撑作用。作为一座改革之城，深圳的高等教育同样必须走出一条新路，与国际一流大学接轨，为培养高精尖人才提供新的全链条解题方案。

　　深圳理工大学创新型人才培养研究中心首席特聘专家刘根平说："深圳先进院致力推动高端科研资源与基础教育的融合工作，在筹建深圳理工大学时就做好了整体布局，也真正回应了国家对创新型人才培养的战略需求。"

　　先进院自 2006 年创办之始，就把培育"一流人才"放在第一位，始终坚持以国家需求为第一目标，遵循人才成长规律，尊重学生的个体差异，充分维护学生的个性和志趣，让学生真正"触摸"到科技的前沿，更科学地成长和发展。

深理工设立"创新型人才培养研究中心"

　　2021 年 12 月 27 日的第 23 届高交会上，"科学与中国"院士专家巡讲活动——生命与健康院士论坛在深圳会展中心举行。深理工下设的"创新型人才培养研究中心"宣布挂牌成立。

深理工创新型人才培养研究中心在高交会揭牌

　　会上，樊建平向广东省人民政府督学、深圳市南山区政协副主席、南山区教育局原局长刘根平颁发"首席特聘专家"证书，进一步推进深理工创新人才培养体系建设。深圳先进院原党委书记、中科实验及中科附高名誉校长白建原，深圳先进院纪委书记、深理工筹备办副主任冯伟，先进院发展处处长毕亚雷，中科附高校长宋如郊、中科实验校长江涛、中科硅谷幼儿园园长黎永安共同为创新型人才培养中心（以下简称"中心"）揭牌。

　　樊建平对该中心充满了期待。不仅致力于充分发挥平台优势，集聚各方资源，邀请专家学者为该中心提供学术支撑和筹建指导，还整合先进院脑科学研究所、心理研究所等科研、教学资源，构建创新人才早期培养支撑体系，通过科教融合、高效贯通的创新型人才早期培养体系，将大学的教育资源"下沉"，做好高等教育与基础教育的衔接。

　　刘根平介绍，该中心区别于当下体制内的教育研究机构，它是连接中小学与高等院校、科研院所的一个桥梁，从幼儿阶段开始，研究儿童的天赋特征、发现和培养有个性的研究人才，进一步为创新型拔尖人才打造最适合的成长基地。同时，对学校教师进行精准化的培养，开启"教育行走计划"，让教师在终身的自主学习中不断提升和完善教育技能。

他认为，人才培养是一项长期而系统的工作，培养拔尖人才关键靠教育，前沿在高等教育，重点在基础教育，难点在形成大中小学一条龙的创新型人才教育模式。中小学阶段正是学生思维方式、学习兴趣及综合素质形成的关键阶段，一经形成便具有强大的惯性作用，深刻影响到后续创新能力的发展。如果能有效衔接，将会为培养更多优秀人才创造适宜的环境。因此，深理工也积极探索九年一贯制人才培养的模式与路径，通过科教融合、基础教育与高等教育贯通的早期培养模式，既实现了高等教育资源的"下沉"，也实现了基础教育教学模式的提升。未来，创新人才培养更要借助"人文 + 科学 + 艺术"三大类融合式跨学科模式，旨在培育出思维独特、富有创意的创新人才。

政府与国家科研机构合作办学的一次成功尝试

刘根平是一位在基础教育领域耕耘 30 多年的资深专家。早在 2013 年，刘根平出任南山区教育局局长，针对当时南山区的教育发展现状，提出打造"南山质量"的新目标。经过深入调研，他发现南山区教育存在三个不均衡：南北教育质量不均衡、新校和老校之间不均衡、民办学校和公办学校不均衡，其中南北不均衡最为明显。于是，南山教育北部升级成为重要举措之一，同年出台了"南山教育质量攻坚五年行动计划"，南山区北部要打造 6 所新学校，中科先进院实验学校（即中科实验）就是其中的一所。

先进院和当地教育有很深的渊源。刘根平回忆道："先进院 2006 年 9

月挂牌筹建，第二年就参与到南山区基础教育变革中，曾与育才中学合作，开展'校外脑库计划''少年科学家培养计划'等工作，效果很好。所以，2013年我就从南山区教育整体上回顾先进院的科研资源在基础教育方面发挥的巨大作用。南山是科技强区，也是人才强区，充分利用南山区的科技资源提升基础教育质量，将极大地促进创新型人才的培养。2016年南山区教育局与深圳先进院合作创办了第一所实验学校，先进院利用高端科研资源推动基础教育的变革，陆续推出了'博士课堂''中科讲坛'等科普课程，进一步完善'中小学大学伙伴计划'。过去十多年来，先进院对南山区基础教育做出了巨大贡献，对深圳市创新人才培养、基础教育改革贡献了独特的中科力量。"

2016年3月，南山区教育局与深圳先进院签署合作办学协议，双方围绕适合片区学校发展的科学普及教育、课堂教学改革、校园文化建设、国际化教育等方面的教育科研项目开展合作，共同建设中科实验。中科实验因办学起点高，所以备受期待。

2016年，南山区教育局与深圳先进院签约共建九年一贯制中科实验学校

中科实验的成立是先进院将科学教育融入基础教育，并以一个实体面貌出现在粤港澳大湾区的标志。

通过三个融合，探索科教融合新路

当时，白建原任深圳先进院党委书记、副院长，院方决定由她出任中科实验首届名誉校长。

白建原坦诚地说："国家科研机构与地方政府共建义务教育学校是没有参考的，即便目标明确、思路清晰，但基础教育与先进院在运作模式上的同异是显而易见的，而且我个人没有做基础教育的经历，对如何完成我的职责一头雾水，更不知道怎么当、甚而是当好'名誉校长'。我知道畏难是没有用的，只有从大局出发，克服自身短板，在干中学，在学中实践，于是，我先抓主要矛盾，解决主要问题。经过调研和讨论，我们决定用三个'融合'实现科教融合的目标。"

首先是人文的融合。带头人之间的默契与人文融合特别重要，也是首要的。一所深圳的新建学校，必须传承深圳"敢为人先""实干兴邦"的精神，一个冠"先进院"名的新学校注定血液里就有先进院创新、担当的元素，经与各位校长不断充分沟通、磨合，形成高度共识：有南山区、先进院的支持，以我们的情怀和责任、探索和实践，处理好"守正"和"出新"的关系，必定能带领团队走出一条不同的办学之路。

其次是团队的融合。科教融合的基础是科研团队与教育团队的融合，新校的师资是逐步招聘到位的。骨干很重要，校长身先士卒的实干精神鼓舞着年轻的老师们，并逐步形成了有号召力、战斗力、影响力的核心团队；先进院招募的师资也从最初仅限于在站博后，发展到院士、研究员、副研究员、国科大在校研究生，数量也从当初的几人发展到现在的近百人，形成了全院关注科普工作的局面，由学校科学教育到公众科普传播都能看到先进院人的身影。

再次是工作机制的融合。建立可操作的工作机制是有效融合的前提。通过校长间不定期沟通，及新老师上岗培训、岗中教研、年度研讨会、项目组教研、校本读物编研、岗后考核、年度表彰等多种方式，让两支团队从生疏到熟悉、从熟悉到配合、从配合到互相指导，甚而有年轻人因此找到人生伴侣。"我们为博士老师创造了到贫困地区、革命老区的'科学 +'联盟校讲课的机会，让大家在传播科学知识的同时也对国情有所了解，更加激发了青年科技工作者的责任感。学校聘请了我国获国际卡林加奖（科普奖）第一人李象益先生和一些教育专家担任学校科学教育顾问，有效指导学校的科学教育工作。我们的理念是让职责在每个岗位中得到落实，让个人在团队中有所成长，让才干在实践中增长提升，让团队在创新中更有担当，让探索和实践更有内涵。"

院校的共同努力为中科实验的科学教育实践带来不一样的精彩，也为科学技术与基础教育的融合探索了一条可行路径。

"博士课堂" 深受学生喜爱

时任中科实验校长宋如郊全面负责学校的筹建，他回忆道："面对这些优质资源，办学者要清楚地认识到哪些优质资源可以进行转化和衔接，我们期盼能与先进院的科普课程体系和人力资源融合对接。经过和院里多轮研讨，最后就课程引进、学校实验室建设等达成共识，并共同开展了一系列教研交流。"

通过反复调研和讨论，白建原决定把"博士课堂"作为先进院高端科研资源转化的一个抓手，参与"博士课堂"教学的博士们均为自愿报名，他们的研究领域涉及基因、信息科学、生物化学、人工智能、医药合成……

加入"博士课堂"的博士会在学校教师的指导下，结合自身的研究方向，确定科普的核心内容。根据学生的年龄特点与认知程度，通过科学小实验、卡通视频、科学小故事等形式，把原本专业的科学内容转化为中小学不同阶段的分层次教学，让艰涩的科学知识变得新颖有趣又贴近同学们的生活。

2016年起，已累计有124位深圳先进院的博士老师为中科系学校开授"博士课堂"，院校科普活动线上线下覆盖大湾区超千万人次

教育需要长期投入，需要时间的沉淀和积累。白建原适时思考，如何将个人热情逐步转化成青年科技工作者的责任，提升国家科研机构的使命感。

2017年夏天，"博士课堂"团队受邀来到延安红二十六军红军小学讲课。当时，全校师生1000多人齐聚在体育馆，先进院马寅仲博士带来了"血管：人体的交通网络"科普课程，这是他第一次面对如此多的学生。由

145

于提前对教学内容进行了精心打磨，所以他的课程诙谐生动，效果非常好。下课后，很多孩子围上前来，请马博士给他们签名留念。中科实验校长宋如郊也被热情的同学们包围着，满头白发的宋校长趴在小凳子上顶着烈日给孩子们签字。

马寅仲对这次去革命老区讲课记忆深刻。他觉得，与其说是自己给孩子们上课，不如说是孩子们给了他更大的科研动力。在日后的科研工作中，他总能感受到孩子们信任而热切的眼光，就像暖阳照耀着他前行的路。

参与试课的一线教师们纷纷表示，志愿者的教育热情与科普情怀令人感动，他们结合自身教学经验，给志愿者们提出改进建议，并传授了教学方法技巧和不同学段的沟通方式。

宋如郊介绍，"博士课堂"具有五个创新点：一是构筑新的科普课程体系，对传统科学课进行了非常好的补充和完善，两个课程体系形成有效互补。二是对科学教育读本进行梳理和总结，满足更多受众。团队开发的106个主题的课程内容涵盖了教育部要求的"物质科学""生命科学""地球与环境""工程与技术"四类学科，还完成了三轮《博士课堂校本科普读本》的编写工作。三是开启线上同屏互动新模式，"博士课堂"可以通过互联网实现与异地学子的互动交流，实现地域上的更大覆盖。四是促进科研人员和基础教育师资两支队伍的深度融合，带来基础教育课堂的新变化，构筑了新型师生关系。五是形成新型课堂文化，让学生走近科学，在科学家身边成长，越来越爱科学、学科学和用科学，成为有梦想有追求的青少年。

"中科实验教师发展中心的丁秀娟主任对'博士课堂'的满意度和效果进行追踪调研，发现满意度永远高于其他课程，98%以上的学生在课后会进行延展学习，这显示出'博士课堂'为基础教育带来了新活力，在培养创新型人才方面取得了良好的效果。"宋如郊欣喜地说。

过去 6 年来，深圳先进院 8 个研究所、20 个研究中心的 105 位年轻科研人员加入了"博士课堂"，累计授课 1438 节，覆盖大湾区中小学校在校生超过 1 万人次，效果显著，影响广泛。"博士课堂"是中科院"高端科研资源科普化"计划和"'科学与中国'科学教育"计划的落地实践，它的出现为科学资源走入课堂提供了一个独特的示范。以科教融合为抓手的创新型人才早期培养是基础教育新的生长点。

作为深圳市唯一的"国字头"九年一贯制学校，中科实验自建校以来一直高度关注学生的全面发展，累计获得荣誉共 44 项，先后被评为"深圳市十大科技创新教育示范学校""深圳课堂改革示范学校"，荣获"广东省教学成果一等奖""南山区教育改革创新奖"特等奖等殊荣。

让基础教育与高等教育有效融合

高中是承接基础教育和高等教育的重要一环。2021 年，宋如郊离开中科实验，赴新创办的中科附高担任校长，中科附高于同年 9 月正式开学迎新。

中科附高是由深理工、光明区政府共建的高水平、现代化、未来式新型实验高中，总建筑面积为 82000 平方米，设 42 个教学班。中科附高依托中科系强大、丰富、独有的资源，秉承"创新融合"理念，以国家课程为主体，以特色课程为补充，推动学生尽早介入高端实验室的学习。中科附高常态化开设"博士课堂""学伴计划""实习科学家""科学家讲坛"等特色课程，寻求"高本"无缝衔接，为拔尖创新人才的早期培养创设条件，旨在建设一所有中国气派、国际视野、学府气象、大家气质、创新灵魂的未来学校，为中国特色社会主义先行示范区高中教育改革与发展提供新的范式。

2021年12月24日，中科附高举行创校典礼，向社会展示令人耳目一新的办学理念，表达为中国基础教育和创新人才培养探索新模式的决心。樊建平院长与光明区委常委、副区长沈华新为瑞狮点睛，并向中科附高师生送上殷切期望和美好祝福。

2022年2月，中科附高、中科实验领导团队与樊建平（中）、刘根平（左六）合影

樊建平跟大家分享了深圳先进院打通"幼小初高本硕博后"这一"创新型人才早期培养"的教育构想。他表示，中科附高的理科特色高中教学模式是打通高等教育与基础教育的"最后一公里"，深圳先进院强大的科研团队将为中科附高赋能，让学子从高中阶段就能接触到世界领先的科研技术成果。中科附高地处光明科学城核心地段，今后将与周边一系列先进科学资源联动，走出一条办基础教育的新路子："学生及早了解世界上领先的学科方向，在高一的时候就选择最好的赛道。所以，我们办高中、办大学也在连续性教育方面提供一个范式。"

对此，宋如郊感触颇深："在一线城市里，各种科普教育资源十分丰富，但科研资源与教育本体是相对分离的。先进院主动把高端科普教育资源下沉到基础教育学段，这是具有开创意义的事情。通过多年的实践，我认为科学家精神的传承，一定要在科学家身边才能更好完成，与学生在课堂上互动，一起做实验、一起做研究，才能切身感受科学家们的严谨与认真，形成同频共振。在科教二者关系中，'科'对'教'赋能，'教'对'科'反哺，只有用新方法和新思想推动科教深度融合，才能实现量变到质变，源源不断地培养出国家所需要的创新型人才。"

先进院负责科普工作的丁宁宁主任介绍，深圳先进院科普工作与中科附高、中科实验、中科硅谷幼儿园等"中科系"学校，及粤港澳大湾区基地成员校、"科学＋"联盟校深入融合。先进院的"博士课堂"不仅在高中和中小学开展，还进入幼儿园，2015年9月创办的中科硅谷幼儿园采取创新体制机制，接受南山区教育局和深圳先进院的指导。该所幼儿园将特色的科学活动纳入活动课程中，多次获评"南山区教育先进单位"。

除了"幼小初高"，先进院的博士后成绩也十分亮眼。2022年8月，中国博士后科学基金会第71批拟资助人员名单公布，深圳先进院博士后共获资助28项，资助金额244万元，位居全国第24位，已连续六年蝉联全国科研院所第一。这证明先进院已成为国内顶尖博士后的聚集地。博士后群体又成为"博士课堂"教师的主力军，更进一步地使科研与基础教育有效融合。

深圳先进院秉承"创新、提升、协同、普惠"的科普工作理念，坚守"高端、引领、有特色、成体系"的科普工作定位，联动体系内兄弟院所，逐步促进中科院高端科学资源为基础教育和科普工作服务的目标。注重试点，以点带面，实现了科普活动、科普内容、科普产品和科普人才的多样化，传播了科学思维方法、科学研究精神。先进院以"创新无极限""知行合一"的文化理念，探索出基础教育阶段科教融合的有效途径，促进高端科普资源与公众科学教育有机融合。

"正如习近平总书记所说，科技创新与科学普及如同鸟之双翼、车之双轮，深圳先进院在过去 15 年里，不断积聚科普力量，把科普活动与创新人才培养结合起来。"冯伟说，"我们组织的解码脑科学的系列课程，全网有 300 多万人次观看，让中学生从科普视频上了解我们的办学理念，这对未来深理工招生工作也将是一个强有力的支撑。"

"科学+"联盟符合国家的战略需要

粤港澳大湾区是国家发展战略，对国内组团式发展具有示范价值，对参与国际竞争与协作、展示中国改革开放成果也具有窗口作用。因此，先进院响应国家的战略需求，发起成立"科学 +"教育联盟。目前，全国已有 16 所联盟校和科技筑梦公益组织加入，将科学精神渗透到基础教育的各个领域，让学生更加理性、更能发挥原创能力。学校所倡导的"科学 +"理念已辐射至香港、延安等地，影响力日益增强，全新的合作办学模式正焕发出勃勃生机。

2018 年 9 月 5 日，深圳市南山区举行庆祝第 34 个教师节大会，对在教育工作岗位上表现突出、做出贡献的教职工代表等进行表彰。南山区各街道、教育系统的相关负责人，先进教师代表等 700 多人参加。大会首设"科学传播贡献奖"，首批 5 位获奖者均来自深圳先进院"博士课堂"团队。5 位获奖者由中科实验与深圳先进院共同推选产生，在服务基础教育课时数、公益活动场次和辐射人数、课程受学生欢迎度、"科学 +"联盟校支持度等方面综合考量，马寅仲、张哲鸣、谷飞飞、朱红梅、丁宁宁被评为首批"科学传播贡献奖"获得者。2021 年 9 月 9 日召开的深圳市南山区庆祝第 37 个教师节大会上，来自深圳先进院"博士课堂"科普团队的 5 位代表，荣获第三届南山区"科学传播贡献奖"，"博士课堂"团队连续 4 年获得该奖项。南山区开风气之先，在深圳教育界树立起倡导科技创新和科学普及的新风尚。

刘根平对先进院认真履行国家科研机构传播科学意识的社会责任赞赏不已。他说："创新人才的培养不能单靠一所学校，必须敞开基础教育的大门，与校外创新资源紧密结合，给基础教育注入新鲜活力。难能可贵的是，先进院积极实施中科院'高端科研资源科普化'计划和'科学与中国'科学教育计划，'博士课堂'成员走进'科学 +'联盟校，普及科学知识、传递科学精神，为推进南山区科学教育和培养科技后备人才做出贡献。中科实验和中科附高的'博士课堂'导师，有效地利用深圳先进院科技人才资源优势，发挥教育特色，为学校青少年科学素养的提升发挥了积极作用。2021 年教师节上，来自深圳大学等其他单位的老师也获得了'科学传播贡献奖'，这恰恰说明这个特殊奖项唤醒了南山区高端科研资源参与到基础教育中来，先进院在此起到了'拓荒牛'的作用。"

不久的将来，先进院和深理工将设立面向未来、改革创新型的基础教育集团，以"科学 +"理念为引领，实现高等教育资源的下沉，探索更加丰富的科教融合路径，推动基础教育与高等教育贯通的全链条人才培养。

谋 文 化

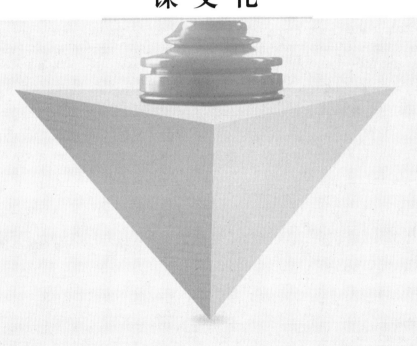

谋文化，即谋大局。无论一个机构还是一个国家，文化都是最基础、最深厚、最重要的东西。由于眼光和研究方向的不同，有时更注重一所科研机构的管理效率和成果水平，但在我们看来，这一切不过是机构的外在表现而已。如果从文化视角去观察深圳先进院，也许更能看清这所根植于深圳的新型科研机构是如何自觉履行高科技自立自强的使命担当以及为此付出的艰苦努力；也会看到领导班子的格局、眼光和智慧。

人是文化的基本载体，最好的可持续发展是人的可持续发展。15年，让先进院形成了一种开放包容、公平公正、鼓励创新的文化。这种文化强调开放、宽容、多样性，具有海纳百川的气度和厚德载物的襟怀，是文化创造力的根本所在。于是，我们看到来自哈佛、剑桥、斯坦福、清华等世界一流大学的科研人才纷至沓来，汇聚于此，不同文化背景的人才共同为科技事业攻坚克难。

第十章 开放和包容的文化氛围是建设人才队伍的关键

只有文化可以生生不息。作为新型科研机构,深圳先进院以开放和包容为内涵,以公平公正的绩效考核为抓手,为该机构提供生生不息的牵引力,也为吸引一流人才、建设高质量的人才队伍提供了适宜土壤。

深圳先进院的开放和包容,使不同文化背景、不同专业方向的人员汇聚在这里,为科技事业的发展携手努力。科研工作者可以根据个人兴趣从事自己喜爱的研究,各类人才能够在学术海洋自由探索,迸发创意火花,充分展现才华。

开放的文化氛围鼓励融合创新

深圳先进院和深圳理工大学集聚了不同学科的人才,一些人才专门探讨科学前沿问题,一些人才注重创新和成果转化,体现出中科院文化和深圳文化的融合。"我们每天要坐班车上下班,班车要坐半个多小时,各个学科的老师们经常在上下班途中进行头脑风暴,有人提出问题,有人解答问题,一起交流讨论,气氛轻松而活跃。我自己是做交叉学科的,非常欣赏这种环境。"深圳理工大学合成生物学院名誉院长张先恩认为,营造创新的环境特别有利于人才的培养。

龚小竞博士就是在先进院平台上成长起来的融合创新人才。他带领的内窥镜技术团队是一支混搭型人才团队，包括光学、声学、机械设计、图像处理等多个领域，特别适合交叉融合的研究方向。龚小竞团队先后主持国家自然科学基金面上项目、科技部重点研发专项课题、深圳市基础研究重点项目。2020年9月，龚小竞与广州医科大学附属第三医院陈智毅教授合作的项目，参与第三届中国医疗器械创新创业大赛，一举夺得医院项目专场一等奖。鲜为人知的是，这次获奖是由一次非常偶然的巧合促成的，而这个巧合直接得益于先进院开放包容的文化氛围。

先进院有与企业、医院等联合培养博士的传统，经常组织学术会议。2019年初，龚小竞在医工所做学术报告，介绍国内外内窥镜技术的发展动向。在提问环节，杜萌博士询问研究的光声成像系统能否运用到生殖道环境。

龚小竞后来得知，杜萌博士的导师是广州医科大学附属第三医院的陈智毅教授，杜萌是双方联合培养的博士，导师希望获得能够打通生殖健康方向的内窥镜技术。

在杜萌的帮助下，龚小竞和陈智毅见面了，双方达成合作开发的意向，并在随后的两年里合作开发出针对生殖道的内窥成像技术，发表了名为《基于双模内窥成像技术的活体评估子宫内膜方法》的论文，将超声和OCT的双模成像技术运用到生殖道，并获得美国光学学会和先进院的报道。

于是，"超声—光学相干断层扫描女性生殖道三维成像系统"应运而生，演绎出携手参加创新创业大赛并一举夺魁的佳话。

先进院集成所所长李光林认为，先进院的开放包容是吸引优秀人才加盟的重要因素之一。2019年春天，李光林一行数人奔赴美国和欧洲招揽人才，曾与人力资源处处长汪瑞聊到先进院引才的"优势条件"。他说："我们靠什么把人才引入先进院呢？是靠更高的工资吗？靠最好的实验室环境吗？"

李光林坦诚地说："我作为一名回国 10 多年的'老海归'，曾认真思考过这个问题，回国的人都是想回来做事的，而不是来享福的。为什么会选择先进院，我自己总结了三条理由：一是国内外的高校只能提供硕士和博士学生资源，而学生在三年的时间里很难把一个想法先变成技术，再变成产品。而先进院拥有经验丰富的工程师队伍，可以帮助海归人才把想做的东西做出来，这是先进院最大的优势。二是先进院是开放的，院领导鼓励大家跨所合作和融合创新，比如医药所的李红昌、李洋和材料所的喻学锋合作，把黑磷和癌症治疗结合，发表了高水平的论文。宽松自由的环境对科研人才是特别重要的，能吸引海归们加盟。三是'3H 工程'十分贴心，帮助科研人员解决孩子上学、住房等后顾之忧。"

转眼 14 年过去了，李光林从当初怀抱着归国创业的梦想来到深圳，从一名普通科研人员，到担任所长助理、常务副所长、所长。当初，樊建平院长第一次在美国芝加哥所描述的先进院蓝图正一步一步变成现实，开放包容的文化氛围成为先进院的独特魅力，不论中外院士还是来自五湖四海的青年学子，都沉醉其中，在学术海洋中自由游弋，共同书写"创新无极限"的传奇。

面向国家需求的跨界多元创新

材料所的喻学锋主攻功能材料的开发和应用，担任先进院材料界面研究中心主任。2020 年以后，先进院在深圳市的统一部署下，组织科技抗疫。喻学锋立刻在第一时间组织团队，开展病毒核酸检测、ECMO 抗凝涂层、护目镜防雾涂层等多方面的科研工作。

核酸标志物的提取是核酸检测的核心上游技术，基于纳米磁珠的核酸提取技术具有耗时短、操作简单等优势，也是当时唯一可以实现自动化、高通量化的平台性技术。2020 年 2 月初尚在春节假期，喻学锋、周文华团队带领赵振博士、宋文星博士和崔浩东博士等核心技术人员回到实验室，克服疫情封控等巨大困难，开展技术攻关。短时间内就成功构建了血清和唾液样本的新冠病毒核酸磁珠法提取体系，可在 18 分钟内实现 10 拷贝至 10 万拷贝的病毒核酸提取。这一提取性能显著优于当时临床检测中使用的柱法提取技术和进口磁珠法提取体系，为解决核酸诊断技术提供了新手段。截至 2022 年 5 月，该技术已与数家体外诊断领域龙头企业合作，累计服务超过 10 亿人次，有效助力疫情防控。

喻学锋、周文华团队依托技术创新，又成功研制出新一代 8 分钟病毒核酸快速提取技术，作为当时核酸提取的最快技术，获得龙头企业投资，孵化成立了深圳市太古宙生物科技有限公司，继续致力创新微纳磁珠和即时现场检测（POCT）技术产品，为我国体外诊断贡献力量。

喻学锋还带领团队将大数据、机器人与材料制造相结合，构建了机器人辅助材料数字制造工程平台——"机器科学家"，推动纳米制造技术升级。喻学锋说："我们引进麻省理工学院归国的赵海涛副研究员，搭建了机器人辅助的纳米数字化制备实验室，教机器人阅读文献、比对实验、自己设计和开展高通量的实验，并根据测试结果指导下一次实验，通过机器科学家的工作让纳米材料研发变得更加高效，开辟一些新的合成技术。比如，在有害环境下做实验，机器人科学家比人类更适合。"

在先进院这个开放的平台上，喻学锋的想象力是惊人的，跨界整合能力同样一流，他的研究工作受到了科技主管部门和产业界的关注，他团队的研究得到了国家自然科学基金、中科院前沿学科重点项目等的支持。

一次讲座带来的跨界创新

"我是做材料加工的，好比做菜的厨师，需要很好的烹饪原材料。合成所是专门做基因编辑工程的，他们做出来的细菌就是我所需要的原材料。"先进院集成所神经工程中心刘志远研究员形象地说，"我这个'厨师'如何遇到顶级的食材呢？这得感谢先进院常年举办的学术讲座。"

2019年10月，先进院合成所举办了一场讲座，合成所戴卓君研究员和刚回国不久的刘志远都坐在听众席上。讲座之后开展交流讨论的时候，刘志远了解到戴卓君曾在香港中文大学化学系吴奇教授实验室获得博士学位，又在美国杜克大学游凌冲教授实验室做博士后研究，主要研究方向是编辑合成功能菌群，实现生物制剂及活体材料的智能制造。

"那么，是否可以用编辑合成功能的菌群作为原材料，研制一种可快速修复的新型活性电子器件呢？"刘志远的提议得到戴卓君的热烈呼应，二人相谈甚欢，展开了深入的合作研究。

经过一年多时间，研究团队发明了一种具有快速自我修复能力的活体材料，并研发出新一代活性电子器件的雏形。戴卓君课题组与刘志远课题组合作的最新研究成果在2021年12月22日发表于国际专业期刊《自然·化学生物学》，提出一种全新的可快速修复的构建思路，并进一步转化成一种活体材料组合方法，可推广应用于智能制造及可穿戴设备的组装。该成果是研究团队在合成生物学领域融合生物技术与信息技术的一次新尝试。

中国科学院院士、上海交通大学教授樊春海对这项成果给予高度评价，这个工作在活体材料的设计与编辑方面跨出了一大步，用快速自愈合这一创新的设计思路武装细菌，将在高分子学科中积累的经典体系引入合成生物学，也给未来的活体材料设计提供借鉴。

"铿锵玫瑰"在这里精彩绽放

"世界因科学而精彩，科学因女性而美丽。先进院的发展，离不开919位女员工，618位女同学的拼搏与奉献。"这是深圳先进院的微信公众号庆祝2022年"三八"国际妇女节文章的开篇语。

2023年3月8日，深圳先进院活动留念

王岚，作为这期视频报道中第一位出场的女性科研工作者，她感慨地说："女性做科研，实际上都是'孤勇者'，既要承担社会责任，又要承担家庭责任，要很好地履行双重责任，必须具备过人的勇气，付出加倍的努力。"她研究的语音信息技术属于人工智能行业，只能通过不懈努力和坚持，才可能与国际同行保持同步，甚至领先的水平。

王岚在英国剑桥大学获得博士学位后，于2007年初加入深圳先进院担任环绕智能实验室主任，2014年，王岚成立了深圳市言语治疗和康复技术工程实验室，在国内率先开展言语认知、障碍和康复技术的交叉研究，是目前国内该领域最先进的实验平台。她带领团队研发了"IELS英语口语考试自动评分系统"，获得深圳市 2011 年"创业之星"大赛评委会鼓励奖，应用于本地区英语口语评测累计超过 10 万人次。

2020 年，王岚牵头启动科技部重点研发专项——"发声与言语功能障碍康复训练系统"，中国科学院声学研究所、软件研究所，中国康复研究中心，北京天坛医院，中国听力语言康复研究中心，天津大学，重庆联佰博超医疗器械有限公司，广州一康医疗设备公司参与了该项目。王岚此前已经承担过多项国家自然科学基金重点项目，但首次承担科技部重大项目仍是一项新的挑战，在执行过程中，她获得了不同于学术层面的磨炼和成长。该项目的产业预期目标是构建医院—社区—家庭三级联动的康复训练体系，为言语障碍患者提供更为有效的训练，满足个性化需求，推动医院康复方案延伸到家庭和社区医院，缓解言语治疗师数量不足的矛盾，提升言语康复领域的服务和技术水平。2021 年，她承担的国家自然科学基金重点项目——"复杂环境下语音数据的目标识别与内容撰写"顺利结题，与深圳红途创程科技有限公司合作建立的智能语音及声纹联合实验室也在紧锣密鼓地运转中。

择一事，终一生，不为繁华易匠心。王岚回国后，所做的每一项研究都是围绕"语音信息处理技术"展开的，无论环境如何变化，她始终保持着"干一行爱一行，专一行精一行"的特质，始终执着于自己所挚爱的事业，志于斯而归于斯，砥砺深耕，笃行致远。

如果说"干一行爱一行"，彰显女性科学家的执着和专注，那么，根据科研布局的需要，适时调整研究方向，则体现出女性科学家的胆识和勇气。2016 年春天，英国剑桥大学博士李慧云在先进院工作 9 年后，被任命为深圳先进院汽车电子研究中心执行主任。面对新的使命，她果断地调整了自己的研究方向，从与计算机硬件相关的密码学及信息安全转向汽车电子研究中心的科研方向，并锁定在自动驾驶方向。

在人工智能带来的科技浪潮中，自动驾驶是备受瞩目的一大领域。相对于感知定位和决策规划这一"中枢神经"，执行控制就好比是车辆的"手和脚"，是真正实现自动驾驶的基础。2016年起，她和团队就开始专注于自动驾驶感知决策控制，开发出感知决策算法和全电子系统的线控行车制动与驻车制动系统，还逐步开发出多传感融合技术、多机协同技术等。2020年，她的团队获得了深圳市自动驾驶开放路测牌照，这是中科院系统首张自动驾驶开放路测牌照。

团队在研究中发现，现有的仿真测试系统不足以全面高效地测试各模块及整车的可靠性、安全性等指标。"比如说在车辆调头的时候，踩死了刹车，速度几乎是停滞状态，这时车辆控制就和路面接触的附着摩擦特别相关，车辆运行时设计的常规简化动力学模型就失效了。这个例子说明，仅仅用纯软件仿真做出来的东西直接放在路面上是不行的，通过动力负载在环测试会大幅提高设计与测试准确性。"李慧云解释道。自动驾驶是一个很典型的工程实践系统，如果没有相应的测试平台来支持它的快速迭代，不清楚地了解每一个器件或模块相互协同中的问题，就谈不上未来引领式创新。

她介绍说："比如，我国的国之重器盾构机就是在建成了自己的测试平台之后快速进行测试验证，积累了丰富的理论基础，最后开发出世界上超大直径的盾构机，一跃实现国际领先。"因此，她带领团队研发出国内首创的动力在环测试平台，从轮胎附着等底层非线性模型开始，将汽车动力与运动模型、道路负载、车路协同的感知融入自动驾驶控制决策，实现底层技术的快速验证与迭代。该系统不但能克服纯软件仿真测试的局限性，也规避了实车测试中成本高、时间慢的制约。业内专家指出，先进院汽车电子研究中心发布国内首个动力在环测试平台，弥补了我国自动驾驶研究在车辆测试这一领域的空白，解决了自动驾驶行业的共性关键技术，对行业整体稳健发展大有裨益。

她的团队 2017 年获得了深圳市无人驾驶工程实验室支持，又陆续获得深圳市基础学科布局多个项目的支持。2022 年，"基于增强现实技术的智能汽车仿真测试模拟器开发与应用"项目获得了广东省粤港澳团队重点项目支持。

同样作为女性科研工作者，先进院集成所认知与交互研究中心执行主任胡颖认为女性从事科研工作最大的优势在于沟通。由于从事医疗机器人研究，需要跨领域合作，与企业和医院协同创新，离不开跟合作单位大量的沟通。她微笑着说："做科研的时候，我们需要倾听医生的需求，由于我们和医生的知识体系不一样，所以我们的沟通和交流就存在不少障碍，科研人员不能想当然地闭门造车，而要努力理解医生在临床方面的痛点。我们做一项动物实验，要去医院联系麻醉师、护理员等人员，一起接受医院的培训，一起写伦理报告。比如受疫情影响，所需要的科研设备进不来、实验动物的意外死亡等，各种沟通和补救工作由此产生，我需要耐心地解释和沟通，保证下一次的实验能更顺利完成，让临床医生看到我们技术的先进性，他们的认可是对我们科研工作最好的激励。"

令胡颖感到自豪的是，她所在的认知与交互研究中心在不断壮大，德国工程院院士张建伟担任中心名誉主任，香港中文大学王平安教授担任主任。还吸引了一批有海外留学背景的科研人才，比如，美国内布拉斯加大学林肯分校毕业的赵保亮博士，美国阿拉巴马大学毕业的李世博博士，以及德国汉堡大学访问学者齐晓志博士等，团队研发实力很强，累计承担国家级项目 37 项、省市级项目 63 项，申请专利 195 项，是一支技术在国内领先、有国际影响力的手术机器人科研团队。

医工所仿生触觉与智能传感研究中心执行主任杨慧曾在欧洲科研机构学习工作了 8 年。她愉悦地说："我们的研究工作需要跨学科融合创新，先进院开放包容的文化氛围为科研提供无限可能，我在这里有机会与不同领域、各个学科的专家交流与合作，实现更多技术突破，希望自己的研究能为疾病早期诊断与精准治疗解决更多问题，让科研成果真正走向应用。"

杨慧回国后在先进院医工所迅速组建了"生物医学微系统与纳米器件"研究课题组，致力于微纳流控技术与生物微机电系统在生物医学上的应用基础研究，包括三个方向：一是先进疾病诊断技术；二是生物单分子检测与成像技术；三是基于液体活检标志物的精准诊疗方案。杨慧研究团队所承担的"肿瘤细胞外泌体分离纯化与定量分析的微流控系统研究""应用于临床全血样品多组学分离鉴定与定量分析的一体化微流控系统"等项目先后获得国家自然科学基金、广东省重点领域研发计划专项的资助，还主持深圳市多项科技研发项目。

2018 年 6 月，先进院新设立了"仿生触觉与智能传感研究中心"。2020 年，杨慧出任该中心执行主任，中心从最初的十几个人，发展到一支40 多人的科研团队。杨慧团队的研究成果以《基于高通量纳米流体器件实现外泌体纳米穿孔及其在物质运载工具开发上的应用》为题发表在国际知名学术期刊 *Small*，并被选为当期的封底文章。目前，杨慧团队正将这一微纳米流控系统进行标准化，实现外泌体载药的新策略，为生物学研究和精准治疗提供新的技术支持。

她说："我取得的科研成果里既包含着团队成员的每一分努力，也包含全家人的支持。""80 后"的杨慧外表文弱而知性，眼眸里闪烁着动人的光彩。

深圳具有海纳百川的包容性

2010 年，鲁艺取得武汉大学化学与分子科学学院博士学位，那年春天，先进院王立平研究员去武汉招聘会做神经电极的人才，偶遇了鲁艺博士。

鲁艺对先进院开放和包容的文化极为青睐。他说："我博士期间的研究方向是微电极界面技术，服务对象是神经科学，而我本人对神经科学也非常感兴趣，所以当王立平向我发出邀请去先进院工作的时候，就觉得非常契合。2010 年 6 月毕业后，随即入职先进院，加入了王立平团队。我是物理化学专业的，最终选择从事神经科学方面的研究，这个跨度是相当大的，如果先进院没有开放和包容的科研氛围和平台，我是不可能有机会从事交叉学科研究的。"进入先进院后，鲁艺如鱼得水，研究方向也大大拓宽，涉及神经调控和解析技术研发及应用、癫痫疾病的诊疗策略。经过 10 余年的精耕细作，他在知名期刊上发表学术论文共计 30 篇，申请国家发明专利超过 100 件，主持各级科研项目共计 15 项，作为第二完成人获得 2018 年度广东省自然科学一等奖。2020 年，他获得广东省杰出青年科学基金项目资助，2021 年获得国家自然科学基金委交叉学部优秀青年科学基金项目的资助，并于 2022 年获批国家科技创新 2030 "脑科学与类脑研究"青年科学家项目，已成长为脑科学领域的一名青年科学家。

由于先进院的开放包容，鲁艺有机会选择自己喜爱的科研方向一门深入；更由于深圳这座移民城市具有海纳百川的特点，先进院的各类人才能够展现才华，干事创业。

在周佳海眼里，深圳这座移民城市非常具有包容性，这是国内老牌一线城市不可比拟的。他回忆了一段亲身经历："我的高中老师叫王栋生，得知我选择到深圳工作的时候，说了一句话，深圳人善于听取意见，如果你说得有道理，深圳人就会采纳。没想到，老师讲的这句话很快就在我身上应验。一次，市科创委通知几家研究机构派代表去参加座谈会，合成所副所长安一硕派我去参加。我当时提了一个建议，按照之前的计划，合成创新院、脑院、电子材料院等项目的结题时间是 2023 年，为什么不能跟国家'十四五'同步到 2025 年结题，这样时间上更充裕、建设也更完善。科创委领导研究后，采纳了我的建议，把上述三个单位的项目验收时间改成了 2025 年，与国家'十四五'同步。这是非常了不起的举措，说明深圳的管理者们具有虚怀若谷、从善如流的风度，也为这座城市吸引人才加分不少。"

周佳海来到深圳先进院不到两年，就打造了一支19人的科研团队，包括生物、信息、化学等不同专业的人才。他的团队在2020年与南京桦冠生物技术有限公司成立了微生物药物合成生物学联合实验室。

周佳海说："深圳传统优势产业是IT产业，在IT和BT交叉发展趋势下，我们既可以与中小民营企业开展合作项目，还能借助大学和科研单位的资源，借力把事情做起来。"

开放包容的氛围为创新插上了翅膀

先进院B栋100会议室的墙壁上挂着一幅画，名叫《海纳百川》，它给先进院医药所所长蔡林涛留下非常深刻的印象。这幅画是2009年先进院刚从蛇口搬到西丽，由先进院首任党委书记白建原主导设计的。

蔡林涛对大海的景观再熟悉不过了。他曾在美国休斯敦莱斯大学化学系进行博士后学习，再到宾夕法尼亚州立大学电子工程系做访问学者。他在美国最后的一个工作单位位于波士顿附近的罗德岛，罗德岛靠近海边，风景美不胜收。面对着广阔的海洋，思考自己在美国生活8年后是否应该回到祖国怀抱，他寻得的答案是"要在变革的时候回去，人生体验会更加丰富精彩，人生也会更有价值"。当他2008年1月来到位于蛇口的深圳先进院上班，科研平台需要他来搭建，科研团队由他来招聘。在先进院工作14年后，他再次驻足在《海纳百川》的画前，心中生出了更多、更深的感悟。

他说："画面上是大大小小的波浪，每一个波浪仿佛代表着一位科研人员，有的人是连续波浪，有的人是小小浪花。随着国内外科技前沿热点的不断变化，有的学科突然成了风口，形成了一排巨浪，形成了连带效应，慢慢推着其他的浪花往前走。先进院不同学科领域的各个团队，就像这些波浪高低起伏、连绵不绝，每一年都有一个大浪，带着大家不停地往前冲，这就是一番海纳百川的景象。先进院从最初的几十人，发展到现在四五千人的队伍，正是因为有海纳百川的开放和包容，才有今天的先进院繁荣和生机。"

先进院的第一个研究所是集成所，后来有了医工所和数字所，再后来才分出了医药所。生物医药属于典型的慢工出细活，需要较长时间的沉淀和积累，有时四五年才能做出一个好成果，研制一款新药甚至需要十几年的时间。作为医药所所长，蔡林涛是如何营造一种独特的文化氛围，既能兼顾先进院的快节奏、高强度，又能保证团队成员慢工出细活呢？

他直言不讳地说："我非常赞成樊建平院长的一个观点，就是创新绝对不是规划出来的，创新更是无法预测的，是优秀的人才在开放的环境中自由随机产生出来的。我更相信自由包容的环境能自然产生创新的火花，因此，对那些真正投入做事的人，我们要确保一个清静宽松的做事环境，团队一定要保持稳定。有担当的中心主任扛住争取项目和研发资金的压力，可以让团队成员能安心、持续地做好一件事情。慢慢地，一些好成果就自然而然地出来了。"

想象力是创造力的第一步。给予创新足够的空间，给予人才成长更开放和包容的环境，就等于为创新插上了翅膀。假以时日，樊建平所期待的先进院和深理工能源源不断地产出新知识、新成果的景象就会变成现实。

建设一流大学需要开放包容的文化

深圳理工大学要成为一流的研究型大学，必须吸引到一流的人才。而人才建设需要开放包容的文化氛围。

深圳理工大学计算生物与医学信息系主任、流行病学讲席教授唐金陵说："开放在先包容在后，要开放就必须包容。开放，根本上是思想的开放，开放的目的是拓宽思想，拓宽思想的目的是发明新理论、找到新方法、创造新事物，而创新正是科学研究的根本使命。所以，开放首先是思想上的开放，要允许各种思想的存在并促进不同思想的碰撞。思想的开放首先体现在个体层面，每一位学者对不同理论和观点的包容，对专业以外知识的兴趣和博览群书的渴望是所有开放的根本，是一所大学真正做到开放包容的底层基础，也是一所大学能够自强不息、开拓创新、不断成长壮大的根本保障。"

为什么开放包容对一所大学这么重要呢？我们可能需从科学的发展历史中寻找答案。托马斯·库恩有一本十分有影响的书，叫《科学革命的结构》。书中讲了很多著名的科学故事，并总结出一条重要的规律：科学突破经常是不可预测的，有很大的偶然性。科学家的突发奇想没有任何先兆，连他们自己也说不清楚，常常是运气使然。

著名创造力研究专家迪恩·西蒙顿则发现：有创造力的人通常拥有广泛的兴趣，不会沉溺于一个狭隘的话题，这种广度给予他们极高的洞察能力和触类旁通的能力，以及用多种不同的思维方法去解决同一问题的能力。

《狂热分子》的作家埃里克·霍弗曾说过一句发人深省的话：往往是一个领域的失败者，最终成为新领域、新事业、新方法的先行者。当然，开放包容也是交流合作的精神底蕴，是优势创新的重要途径。开放和包容对大学发展的重要性可见一斑。

先进院是深理工建设的地基，与国内成熟的大学和研究院不同，先进院走的是一条以海外人才为主的人才线路，因此先进院的几千名员工来自世界各地不同的大学，有不同的专业背景，在这种文化和思想碰撞的环境里，十分有利于打造开放包容的文化，这种人才布局本身就是一种开放包容的体现形式。

　　正是深圳一个晚霞满天的傍晚，金色的太阳喷射出万丈浑厚的余晖，为大地镀上了一层金光。唐金陵教授凝视着远方的建筑群，语气坚定而平缓："深理工第一批老师中不少人到了知天命或耳顺之年，所以我们不能代表大学的未来，而是铺垫深理工大学之路的石子。未来属于年轻人，我们能做的是为青年学子伸出双手和臂膀。"

第十一章 公平透明的机制是人才成长的关键要素

在 2018 年的两院院士大会上，习近平总书记指出："要营造良好创新环境，加快形成有利于人才成长的培养机制、有利于人尽其才的使用机制、有利于竞相成长各展其能的激励机制、有利于各类人才脱颖而出的竞争机制，培植好人才成长的沃土，让人才根系更加发达，一茬接一茬茁壮成长。"

为了给人才成长营造更好的创新环境，先进院致力建立开放透明、公平公正的竞争机制，在"赛马"过程中"养马"和"相马"，让身经百战的"千里马"和阅马无数的"伯乐"以实至名归的方式"自下而上"地成长壮大。还让"赛马"成为常态，有效地激励真正的"千里马"和"伯乐"源源不断地脱颖而出，成为我国科技创新事业中的栋梁之材。

"赛马中识马"，让人才脱颖而出

常言道："在赛马中能识别好马。"赛马不但能判断人才，更能判断人才的等级。如果不按照人才的实际才能和具体贡献来分类，过于强调出身、资历等外在条件，就不可能吸引到更多的优秀人才。

先进院鼓励年轻人在公平环境中竞争，鼓励年轻人才凭真才实学脱颖而出。

樊建平认为，新型科研机构的内部管理有两个观念最为重要，一个是效率，一个是公平。组织内部的运行效率是决定组织生存的长度和高度的核心因素。他举例说："人力资源的提升效率有几个指标，有的是考核指标，有的是严格监管的。每个研究中心的科研经费的承担量、论文专利产出是每年的考核指标，基金委青年项目获批率、面上项目获批率、专利转化率等是我们密切关注的指标。有的考核指标也是根据现实情况来确定的，比如我们在评估横向合作的时候，知道从企业拿钱难度很大，比如我们科研人员从企业的合作里获得 1 元，内部考核算作 1.5 元，不能考核'合同金额'，而是要考核'到账金额'，也就是企业确实付款给先进院了，说明横向合作服务的效果得到了企业的认可，'到账金额'更有说服力。这项考核政策也鼓励科研人员紧密与产业界合作，帮助企业开展技术创新。我们在先进院建立了现代人力资源体系，年年给员工打分、360 度考核、末位淘汰，不养懒人和闲人。先进院每年会根据国际科技发展状况以及深圳产业发展需求提出新建科技单元的目标，这保证了我们不仅 15 年来不落后，能紧跟时代潮流，还不断壮大我们的领域与队伍，始终保持队伍的活力和战斗力。"

深圳先进院原党委书记白建原说："先进院在 15 年的发展过程中，虽然学科布局好像是碎片式发展起来的，但我们敢于正视自己在科技上的短板和不足，拼命往前追赶，有强烈的紧迫感和使命感。先进院作为一个平台，把人才吸引进来，在赛马中识马，为人才成长提供了很好的土壤，搭班子、压担子，给他责任，这样人才就能成长起来，就能有用武之地。然后与产业需求结合起来，为产业链的关键技术环节提供解决方案，促进产业健康发展。产业发展起来后又反哺先进院，促进先进院的学科发展，这就形成了良性互动的局面。"

破格晋升源于真才实干

青年是国家的未来、民族的希望，也是先进院持续发展的根本保证。先进院十分注重人才引进和自主培养，为先进院的发展提供了坚实的人才保障。先进院的考核晋升机制为年轻人快速成长提供了动力和机遇。

在叶可江看来，先进院的考核文化是先进院保持活力的法宝："先进院所有人都会参加一年一度的分级考核，对一年的工作进行总结和反思，希望明年有更大进步。考核既是压力，也是动力。为了保持先进院的持续先进性，我认为考核制度是必要的。"

先进院除传统晋升方式之外，还有破格晋升等特殊方式。破格晋升尽管在职称年限上放松了一些要求，但是在科研项目、高水平论文等指标上比正常晋升的要求要高出不少。叶可江本人也得益于该晋升制度。他感激地说："我曾在美国卡内基梅隆大学做博士后，又到美国韦恩州立大学做研究员。2016 年底，我从美国回到先进院，刚入职时是副研究员，工作 4 年后，破格晋升为正高级研究员，破格晋升的原因是我当时发表的学术论文、获批的科研经费等要比规定的指标多出了几倍。能提前 1 年晋升，为我后续的成长奠定了很好的基础。"

解决了职称问题后，叶可江有更多的时间做一些社会价值重要但产出相对缓慢的工作。2021 年，叶可江花了近一年时间，带领团队自主研制了一个名为 CNicOS 的云原生智能管控操作系统。该系统已在国内最大开源社区 Gitee 开源，并在第 23 届中国国际高新技术成果交易会上展出，获得"优秀产品奖"，有望为丰富国产化的云原生系统基础软件生态作出有益尝试。截至 2022 年 4 月，叶可江已在包括 IEEE 计算机汇刊等顶级国际期刊和会议发表论文 90 余篇，授权发明专利 20 余项。

叶可江除了开展本职科研工作之外，还承担云计算研究中心的管理工作，在云计算研究中心担任执行主任。他骄傲地说："我们中心国际化的程度非常高，团队成员大多有海外留学经历，比如，加拿大阿尔伯塔大学博士王洋、英国帝国理工大学博士高希彤、澳大利亚墨尔本大学博士徐敏贤等。中心成立10年来，累计承担了5个国家重点研发项目或课题、15个国家自然科学基金项目，以及100余个中科院、广东省、深圳市及企业委托项目，累计合同经费2.6个亿，面向云计算、大数据、人工智能等重点领域和攸关城市、交通、金融等民生重要应用方向，开展云原生、泛在操作系统、先进计算理论、云数据中心网络、区块链、大数据存储与计算等关键核心技术研究。"

过去10年，云计算研究中心在国际高水平期刊/会议发表了350余篇论文，申请了300余件发明专利（已授权120余件专利）。其中，发表在云计算顶会ACM SoCC上的论文，获得了最佳论文奖，这是中国团队首次获得该奖项，实现了零的突破。

云计算研究中心是由须成忠教授牵头创办的，他曾任美国韦恩州立大学电子与计算机工程系系主任、终身教授、云计算与互联网实验室主任，还在先进院工作了6年，于2019年初出任澳门大学科技学院院长。叶可江追随导师须成忠的脚步回国发展，又担任云计算研究中心执行主任。在须成忠的大力支持下，先进院云计算研究中心与澳门大学开展了多项卓有成效的合作。2019年5月，深圳先进院与澳门大学共建的人工智能与机器人联合实验室正式成立。在建设粤港澳大湾区的时代背景下，先进院结合融城创新发展理念，在基础研究领域及技术应用领域与大湾区高校深度融合，助力大湾区建设成为具有国际竞争力的科研创新基地。双方依托各自力量，优势互补，在人工智能与机器人、生物医药等领域密切合作，在人才培养、学生教育方面共同发展。

叶可江自豪地说："云计算研究中心学生数量和质量都不错，也是一份重要的资产。从事云计算、大数据和人工智能应用的方向，学生就业非常好，因此学生愿意来，可观的学生数量为中心可持续发展奠定了很好的基础。云计算研究中心已累计培养博士和硕士300余人，其中80%的毕业生已经成为华为、腾讯、阿里巴巴等企业的技术骨干。"

年轻本土博士获批国家"优青"

2020年7月15日，赖毓霄在加紧录制国家自然科学基金"优青"项目的答辩视频。本次"优青"项目首次采取线上答辩的方式，而且给参评选手留出的时间仅为两个星期。

赖毓霄是个做事超级认真的人，就像修改学术论文一样，她修改答辩PPT不下30遍，多次请教院内外的专家，逐字逐句修改，常常忙到忘记吃饭，两周下来瘦了8斤。最终，她的答辩顺利通过了评审，成功获批"优青"项目。

这仅仅是她取得的诸多荣誉的一个缩影。通过多年的刻苦钻研，她发展了基于3D打印的个性化、多参数调控的生物材料精准成型技术，对骨修复材料外形、降解周期等关键因素实现调控，主要研究结果发表在《生物材料》等国际期刊上。主持或参与了包括国家"863"计划青年科学家专题项目、国家自然科学基金项目等科技计划和重要项目。秦岭教授、赖毓霄团队携具有自主知识产权的"新型3D打印骨修复多孔支架材料"参加了第45届日内瓦国际发明展，相关成果获得评审团一致认可，被授予银奖。赖毓霄作为第一完成人申报的"3D打印骨科器械关键技术与应用"项目，获得2020年度深圳市技术发明奖二等奖。

鲜为人知的是，赖毓霄是一个本土博士奋发逆袭的典型。作为一名从复旦大学毕业的女博士，刚来先进院工作的时候，面对周围同事大多有留洋背景，唯有加倍努力。

她真诚地说："我那时的职级比海归博士低，所以工资可能只是海归博士的一半左右。经过十多年的奋斗，差距已经不见踪影了，而且越来越觉得先进院是个非常公平的科研机构。从入院的那一天开始，我就尽自己最大努力把事情做好，事情做好了就一定有机会，该得的也不会少。我特别感恩遇到了博学谦逊的秦岭教授，也感恩在项目申请、职称申请、试验环节等各项工作中得到很多领导和同事的帮助。尤其是在产业化工程中，专利评估、持股、合同起草等工作得到产业发展处的大力支持。含镁可降解高分子骨修复材料能走上临床，造福病人，确实经历过无数的波折。但经过磨砺之后，才发现所有的经历只会让自己变得更强大，更优秀，所以没有什么可以抱怨的。先进院给予我的这些经历，让我的人生更加精彩。"

这是一个公平公正的平台

2021年12月，本土女博士赵龙龙参加深圳先进院助研到副研的岗位晋升评审。她以全票通过了答辩，正式成为深圳先进院的副研究员。从她入职先进院的那一天算起，才刚刚过去两年。

"这两年时间我成长了许多，当我把个人研究融入服务国家战略需求的时候，就有一种巨大的使命感，非常感激先进院给我提供了成长的舞台。"心直口快的赵龙龙说，"我在《为创新而生》这本书里看到樊建平院长曾经说过的一句话——'放弃国外优厚待遇回国发展的海归，以及在国内受教育并从事科研的两类人才均是中华民族的脊梁'，看到此处我深有感慨。过去，我的内心深处一直觉得我们这些'土博士'会比'海归'差那么一点点。现在，我非常庆幸自己选择了先进院这个公平公正的平台，感谢樊院长和其他院领导对我们这些'土博士'的认可。"

2019 年 5 月，赵龙龙给深圳先进院空间信息研究中心主任陈劲松研究员投了一份求职简历。恰逢陈老师正在北京开会，就邀请赵龙龙在会议间隙进行简短的面试。

陈劲松介绍了先进院的发展模式，有很多做项目的机会，年轻人既有压力也有发展的空间。

"我感觉陈老师很平易近人，性格很直爽。面试过后不久，我就收到了先进院的通知，博后出站后就来入职了。"赵龙龙对深圳先进院空间信息研究中心早有耳闻，该中心提供面向粤港澳大湾区研发针对国土资源、生态环境与自然灾害的高精度监测平台，拥有一支科研实力雄厚的团队，近年来承担了国家重点研发计划、中国科学院战略先导专项项目、科技部国际合作项目、国家自然科学基金项目以及生态环境部环境遥感监测项目。

她回忆道："这些项目与我本人的研究方向略有交叉，但又有较大区别。我一直在思考，如何在当前研究基础上进行拓展，找到团队研究方向的契合点，开展适宜华南地区发展需求的研究课题。之后，我多次与陈老师交流沟通，作为年长我近 20 岁的资深海归，陈老师以其丰富的科研经验、独到的见解、敏锐的洞察力，逐渐帮我理清了今后科研的方向。由于我博士研究方向为地质学，遥感算法、模型研发基础略显薄弱，但自身的数据信息的挖掘分析能力又可以弥补团队成员重算法、轻分析的现状，我们可以进行深入合作，相辅相成，做一些面向国家重要需求的有意义的分析研究。"

赵龙龙把主要精力投入陈劲松牵头的"先导"专项——"一带一路生态环境监测与评估"，它兼顾"一带一路"区域生态环境监测和评估需求，分析典型生态环境要素空间及属性变化，研发区域生态环境健康诊断和安全评价的指标体系网络，构建自适应指标选择模型，搭建"一带一路"区域生态环境要素基础数据库与区域生态环境安全评估指标体系。

2020 年 3 月，赵龙龙得知同课题组的一名同事要离职，他手头有个可持续发展目标案例报告要写，离职前只能完成数据的处理工作。陈劲松就把该同事的交接工作以及案例报告的撰写任务交给了赵龙龙。

赵龙龙积极参与到数据的生产中，并与这位同事积极沟通，该案例对东南亚地区森林覆盖时空变化进行分析。通过大量的文献调研，她对东南亚地区的森林覆盖情况及原因有了深入了解，最终撰写出"东南亚森林覆盖时空动态格局"案例报告，经专家多轮评审获得认可，并入选《地球大数据支撑可持续发展目标报告（2020）——"一带一路"篇》，此书于2021年8月正式出版。

落实"联合国2030年可持续发展议程"，可持续发展大数据国际研究中心于2021年9月6日成立，赵龙龙一直在思考如何将个人研究与联合国可持续发展目标（SDGs）联系起来，贡献自己的一份力量。

2022年初，先导专项开展2022年度《地球大数据支撑可持续发展目标报告》研究案例征集工作，赵龙龙结合气候变化与全球粮食安全需求，提出了"中南半岛湄公河流域极端干旱对农业生产的影响"的案例。经国内粮食安全相关研究专家的评审最终入选。

赵龙龙感激选对了平台。其实，她也应该感谢不懈拼搏的自己。要成为想象中的自己，就必须朝着心中的目标一直努力向前走，在风雨中磨炼灵魂，在追求中绽放才华。

年轻人要有压力才能成长

2020年3月，芝加哥拉什大学医学中心生物化学系系主任、终身教授、讲席教授陈棣辞去美国教职，加盟深圳先进院医药所，8月正式入职深理工，担任药理系系主任。

这位在美国工作生活34年的教授，用中英夹杂的语言表达了他对深圳先进院和深理工的由衷赞赏："我在2020年初接到过上海一所大学的邀请，可我愿意来深圳先进院和深理工工作，这是因为深理工的机制更好，更适合做研究，深圳的气质非常像硅谷，办学理念很像斯坦福。我来深圳不到两年，就申请了十多个项目，跟几个不同专业的老师开始了跨领域合作，这样的交叉科研非常有利于创新。"

陈棣不仅是深理工药理系系主任，还担任先进院医药所计算机辅助药物设计研究中心主任。他参加过几次深圳先进院内部晋升评审工作，他说："我看到助理研究员申请晋升副研究员，有的是做了2年助研，有的做了八九年助研，他们能否成功晋升高级职称，取决于发表的论文数量和质量、专利产出、获得国家课题资助以及产业化合作的成绩，大家最后一起投票。整个过程公平公正，让年轻人有竞争、有压力，这样才能成长得快。"

"做科研，不能把它当作负担，要发自内心喜欢科研，我就非常享受科研带给我的快乐。一般来说，药物研发需要先了解药物的作用机制，一些药物对治疗某个疾病有作用，但我们并没有及时找到其中的作用机制，那就需要持续不断地去寻找和研究。"陈棣的眼睛里既有科学家特有的智慧光彩，也有一种穿过千山万水后的淡泊与笃定。深理工抛出的橄榄枝恰恰成就了他回国教书育人、继续科研的梦想，陈棣的人生又翻开了崭新的一页。

陈棣教授所说的"年轻人要有压力才能成长"，不仅体现在科研人员身上，先进院职能部门工作人员的成长也遵循这一法则。医药所所长助理兰岚就是一个典型案例，她是先进院2006年筹建时招聘的首批应届毕业生，刚入职时没有工作经验、没有职称，就从一名最普通的综合处秘书做起，任劳任怨。

2011年医药所筹建的时候，时任党委书记白建原推荐兰岚到医药所担任人事秘书。

兰岚回忆自己的成长历程时说："我到医药所后，常常思考一个问题：如何打造出一支能为基层科研人员提供一流科研服务的支撑团队？通过加强培训和以身作则，让秘书和助理们都认识到服务工作的重要性，不断提高工作效率、服务质量。我感觉压力最大的时候是 2013 年 8 月，医药所要去筹挂牌，我负责协助所长做具体的安排和执行，包括嘉宾邀请、写报告和申请等。当时我在读北京大学的在职研究生，正在写毕业论文，在巨大的压力下，要始终保持井井有条、高效工作的状态。最终，医药所顺利通过验收并挂牌。我觉得压力就是动力，虽然身处助理岗位，可我一直对自己的执行力、沟通能力、协调能力、组织能力等都有更高的要求，'管家型'助理无疑要比'小妹型'助理更受科研人员的欢迎，因为她已经不再仅仅是帮助科研人员完成一些跑跑腿、打打杂等流程性的琐事，更能在很大程度上将科研人员特别是研究单元主任从繁杂的行政事务中解放出来，将更多的精力投入科研工作。"仅 2020 年到 2021 年，兰岚协助所领导、中心主任筹建和提升研究中心 4 个，进一步完善了学科方向布局。因适应院校融合发展的需要，增强了管理能力，她从最基层的文秘岗位晋升到六级行政职员——医药所所长助理。

2022 年 1 月，先进院召开了"2021 年度总结表彰暨建院 15 周年表彰大会"。除了表彰一批科研创新人才和产业化人才外，还对 2006—2007 年入职后就兢兢业业工作至今的 28 位"拓荒者"进行表彰，黄澍、兰岚、覃善萍、关蔚薇、贾彦等名列其中，还对张闹珍、孙芳、何建春、邝永珍等 28 位表现突出的女性员工授予"铿锵玫瑰奖"，这些人都是在压力下逐渐成长起来的职能部门老员工。

修改人力资源体系，实现人员双聘融合发展

2021 年，深圳先进院调整人力资源体系，旨在鼓励学院、研究院融合发展，促进内部研究员的培养。人力资源处副处长黄术强介绍，截至 2022 年 8 月，先进院人力资源体系中没有人在副研究员位置上待了 6 年而没有获得晋升的，说明过去 15 年来先进院在科研人员职业规划方面做得很到位。从 2021 年开始，先进院进一步优化人力资源体系，一是在人力资源处成立了信息共享中心，改变过去业务与人事对应的关系，从业务模块角度更高效地服务科研人员。二是实施员额制资源配置方案，一改过去 60% 人员总成本由院里承担的旧模式，将院里投入分成了两部分，第一部分是固定员额投入，遵循"员额配额 + 鼓励增量 + 老所运行"的原则，对按照年底晋升副高职称，每晋升 1 位奖励 1 员额，若研究院向学院输送教研教授则给予 1/2 个员额的奖励，教授依托研究院成功申报项目并开展科研活动给予 1/4 个员额奖励；第二部分是院长基金投入，保障多方面投入的平稳过渡。

深理工和先进院的人力资源政策则体现在双聘制上。人力资源处副处长王枫介绍，从海外招聘到深理工执教的教授，还可以聘到先进院做研究员，利用先进院的科研平台多出成果；从先进院遴选一批有教学意愿和教学经验的研究员到深理工做教授，则可以把最新的科研成果带给大学生，促进人才的培养。截至 2022 年 8 月，深理工已入职 40 位教授，全部双聘为先进院对应研究单元的研究员，并依托研究所、研究中心已建成的科研平台开展工作；先进院有 344 名研究员双聘至深理工教授序列，借助已有的教学经验，支撑大学建设及教学任务的开展。

依托先进院的平台，深圳理工大学计算生物与医学信息系唐金陵主任实现了医学应用型研究的梦想，他牵头的"临床医学大数据研究平台建设和转化应用"项目获得深圳市创新团队项目支持。该平台建好后，深圳

的各大医院、医学研究单位和医学相关的公司都可以展开科学研究，最终提升深圳的医学研究和服务水平。业内专家认为，建设这个平台是促进深圳临床研究发展的重要构思。因为，生物医学研究体系包括实验室基础研究和人群临床应用型研究两大支柱，人群临床的测试和验证不仅是医学技术和产品转化的必经之路，更是提高医疗服务水平的关键一环。英国每年对临床研究的投入高达 50 亿元，美国约是英国投入的 5 倍。由于历史的原因，我国医学研究的现状仍面临"基础强、临床短"的"瘸腿"局面。2022 年 1 月 26 日，国家发展改革委、商务部联合发布《关于深圳建设中国特色社会主义先行示范区放宽市场准入若干特别措施的意见》，就要在深圳打造一个加速医学新产品上市及防范有关风险的试验田。加强临床研究，打通深圳生物医学研发通路的最后一关，是实现这个国家战略目标的重要一步。唐金陵由衷地说："先进院是一个平台型科研机构，集基础研究、应用研究和技术开发于一身，正是摸索打造医学研究—转化—应用全链条的好地方。"

像唐金陵这样，受惠于"双聘制"的归国科研人才越来越多。依托先进院平台，深理工王玉田教授获批国家自然科学基金集成项目；潘毅教授、王玉田教授、潘璠教授均获批深圳市的团队项目。依托深理工教育平台，先进院的徐富强研究员和冯伟研究员已获批 2 个广东高校重点实验室，以及 2 个创新团队、17 个科研项目。可见，先进院和深理工人员双聘融合发展成效显著。

人才发展没有"天花板"

"我负责人才招聘工作多年，常对加盟的海外人才说先进院管理很扁平化，年轻人成长空间很大，给每个人的主观能动性空间很大。如果你在先进院平台上想办大事，这里的每个人都会帮助你，人才发展没有'天花板'。"先进院纪委书记、深理工筹备办副主任冯伟说，"由于先进院平台建设比较完善，每位人才都能融入科研环境，迅速投入科研状态，这是非常有吸引力的。"

他也常常与海外人才谈心，了解科研人员的所思所想："我听到海外回来的科研人才有一个共同心声，那就是在国外最多当个'狙击手'，没有机会带队伍、当团长。到了先进院有机会组建团队，还可以孵化企业、做好产业应用，这就是先进院为年轻人才提供的发展机会。"

先进院的文化注重"以人为本"，做事强调"知行合一"。樊建平对年轻人有一个要求，那就是"脚比脑袋快"，实干出真知，只有雷厉风行地行动起来，才能抓住机遇，取得突破。干是最重要的，在做事的过程中领悟，给大家足够的发展空间。

"先进院人事工作是樊建平亲自主抓，核心项目负责人都要经过他本人面试，他对招揽人才极为重视。"冯伟透露，"针对晋升考核、人事制度等的制定，樊建平有一个要求，那就是规则简单。这样做效率更高，而且不会被行政干预，这恰恰体现出先进院开放包容、公平公正的文化氛围。"

随着全球人才竞争日趋激烈，深圳先进院不断根据新形势新发展新要求，调整引才策略。2021年以来，深圳先进院通过定向跟踪，设计"人才福利包"，保障落地支持，吸引全球"孔雀东南飞"，为支撑大湾区创新发展提供了高水平智力支撑。

人力资源处处长汪瑞介绍，充分发挥科教融合的优势平台，将深圳先进院与深理工的人才引进工作一盘棋考虑，打出"高校＋科研机构平台"组合拳。平台优势互补，给予青年人才灵活的职业发展机会，在深圳先进院任职副研究员，可利用科研机构的实验平台和建制化研究队伍开展科学研究；在深理工任职助理教授，可依托学院开展人才培养工作。为加强高水平人才引进，深圳先进院组织了分学科的招聘委员会，该委员会通过无记名投票形式，遴选出"底子好，创新能力活跃，科技成果有影响，发展潜力大"的青年人才，给予他们两份聘书：一份是"Conditional Offer"（有条件的录取通知），即人才在取得了约定的业绩后，提供更有竞争力的科研启动经费、相对高的年薪和职称等；一份是普通的 Offer（录取通知），即人才没有达到约定的业绩，按普通的 Offer 兑现待遇。青年人才落地之后，有专业的团队协助做好保障服务，包括组建团队、协调办公和实验场地、申报课题等，符合条件者授予博士生导师资格；通过完善的"3H"保障工程及时解决人才的后顾之忧。

第十二章　打造成果产业化的先进院文化

　　先进院为了破解"科技和经济两张皮"的难题，在机制上大胆创新，建设科研、教育、产业、资本"四位一体"的平台型研究院，加速科研成果转化，探索出了一条"E（engineering，工程）－T（technology，技术）－S（science，科学）"的发展路径，从提升工程能力开始，逐渐向核心技术、基础科学前沿方向延伸。

　　近5年来，先进院在成果产业化方面探索出"蝴蝶模式""CRDO模式"和"集群模式"，极大地提升了科研成果转化效率，具有很好的示范效应。院领导认为，实现科技自立自强，既要厚植科技发展根基，聚焦产生重大原创性、引领性成果的关键支撑和技术突破，也要完善科技创新体制机制，推动科技管理和科研范式的迭代升级，才能适应大科学时代的"第一生产力"和"第一动力"。

　　先进院副院长郑海荣认为，积极倡导成果产业化是先进院管理的一个重要组成部分，包含三层意思：第一，产业的核心技术攻关同样是重要的科研工作，是创新链条中不可缺少的环节；第二，要把产业的"痛"看在眼里，急在心头，把帮助产业解决关键技术难题当作自己的责任和使命；第三，成果产业化是比较长链条的创新，只有学术创新与工程技术高度融合才符合产业界的转化需求，才能有效引领战略新兴产业发展。他说："就像圣地亚哥大学一样，教授们大多会创办企业，技术创新和成果产业化的氛围很浓厚。从我国的创新创业情势看，只要有利于国家、有利于产业、有利于就业，这样的成果转化和产业化工作就应该支持。"

一只"禾花雀"的故事

深圳先进院成立之初，深圳市领导对其寄予厚望，更对先进院加速推动成果转化翘首以盼。参与先进院创始的班子成员，至今都忘不了一只"禾花雀"的故事。

当年，分管科技工作的深圳市常务副市长刘应力是务实而富有远见的典型代表。2006 年 6 月的一天，刘应力去蛇口检查先进院的筹建工作，他坐在一进门的长沙发上，微笑着对樊建平和白建原说："今年年底，你们要交出一只活的禾花雀来，如果交不出活的禾花雀，你们所有的活儿都是白干。"

就这样一句半开玩笑的话，实际上蕴含着他对先进院的无限期待。白建原陷入了回忆："禾花雀是一种小型鸟，虽然它很小，但是五脏俱全。樊建平和我都知道，刘市长是希望我们先进院能够做出对工业有实际价值的科研成果，而不是仅仅停留在学术论文上。"

为了交出这只"禾花雀"，樊建平与白建原带着科研人员深入基层做调研，走访周边的科技企业和研究机构。2006 年 7 月，深圳市新松机器人公司总经理黄孝明正准备投标港口集装箱消毒的机器人项目，但在技术方面还有一些难点有待解决。于是，慕名前来先进院，双方商洽后决定联合投标。由于合作研制的机器人方案技术优势明显，在竞投价格高出许多的情况下仍脱颖而出。9 月初开始，双方进行了紧张的技术开发合作，新松创新研发了多关节联动机器人，先进院的研究人员对光电识别、超声波探测技术进行了可行性研究和测试。一个月内，港口集装箱消毒机器人横空出世。在 2006 年 10 月下旬的高交会上，深圳先进院凭借这款消毒机器人一举夺得高交会优秀产品奖，并在 11 月应用于盐田港码头，获得了经济成效。

"9 月 22 日先进院正式成立，当时这款机器人还停留在图纸上，没想到在高交会上就看见了实物展示，这真是深圳速度！"一位科技界官员如此赞叹。

其实，"深圳速度"还体现在项目立项、管理等方面。筹建半年内，先进院在中科院的助力下，就有 14 个项目立项，申请国家"863"计划项目 12 项，粤港合作项目主申请 4 项、参与申请 4 项。同年 7 月 31 日，樊建平牵头中科院系统的 5 个单位与华中科技大学开展跨所交叉研究，召开光电互联技术交流研讨会，准备联合申请国家基金重大项目。8 月中旬，受日本名古屋经济发展厅的邀请，该院考察团赴日对名古屋地区的信息技术产业进行考察，并就联合共建软件工程标准化研究中心达成意向。2006 年秋天，樊建平率队拿下科技部的第一个"863"计划项目——华南高性能计算与数据模拟网格节点，给予年轻研究员们极大的鼓舞。

2006 年底，刘应力对先进院交出的港口集装箱消毒机器人这只"活的禾花雀"表示满意。深圳市政府对先进院的建设也越来越重视，第二笔 800 万元拨款也按计划到位了，先进院的筹备工作走上了"快车道"。也就是从这个时候开始，深圳先进院不仅在中科院党组要求的"边招聘、边科研、边建设"的"三边"工作要求的基础上增加了很重要的"边产业化"一环，也埋下了注重成果产业化的文化基因，不论考核体系还是团队建设，都会兼顾产业化的工作内容。

探索"ETS"的发展路径

通过多年实践，深圳先进院探索出的"ETS"发展路径是从提升生产制造的工程能力向核心技术研发、基础科学延伸拓展的必要手段。为了加快科技成果转化，深圳先进院每个研发团队都会配备一定比例的工程师队伍，研究员与工程师一起攻关，显著地提高了科研成果转化的成功率，这是深圳先进院与传统科研机构最大的特色和优势。

李剑平于山东大学取得硕士学位后，又在香港浸会大学高级光学仪器研究实验室取得博士学位，并受聘于香港浸会大学物理系。2016 年他加入深圳先进院，担任光电工程技术中心副研究员。

李剑平于 2020 年申请从研究员序列调整到工程师序列，并被评为正高级工程师。他说："集成所 2021 年横向经费 3000 万元，全院排第一，靠的是工程师团队的支撑和交付，集成所里倡导工程师文化，年度'所长创新奖'里还设有专门的'工程师奖励'。虽然在先进院队伍中工程师占比并不多，但发挥的作用并不小，因此工程师们特别理解团队精神。"

2017 年，李剑平作为创始人创办深圳市趣方科技有限公司，致力于先进光电科学仪器产业化，先后推出浮游植物成像流式细胞分析仪和水下浮游生物成像仪，并交付厦门大学近海海洋环境国家重点实验室使用。李剑平创业团队和研究团队组队参加创新创业大赛，先后获得 2021 年中美青年创客大赛全国二等奖、深圳赛区特等奖，2020 年中美青年创客大赛全国三等奖。产品有效支撑了厦门大学国家自然科学基金重点项目，为国家海洋环境安全提供专项保障。

像李剑平这样对先进院工程师文化赞不绝口的科学家不在少数。先进院不仅在人才队伍配置上加强工程师队伍的建设，而且在制度上也向产业化项目倾斜。根据先进院绩效考核体制，对国家纵向项目、深圳地方项目、产业化合作项目按照 1∶1.2∶1.5 的比重进行绩效统计，把企业合作项目经费的 10% 直接奖励给开发团队。通过资本运作加快科研成果的产业化，将投资企业分红和专利售卖形成收益的 50% 直接奖励给科研人员。

这些体制机制的设立不仅激发了科研人员从事成果转化的积极性，同时能有力地促进科技与经济的结合，提升科技创新的效率。显然，科技成果高效转化机制既是实施创新驱动发展战略的重要任务，也是加强科技与经济紧密结合的关键环节。

先进院对新兴产业的孵化可谓不遗余力，对深圳经济的高质量发展功不可没。以机器人产业为例，深圳先进院从 2006 年开始抢先布局，围绕工业机器人、服务机器人的共享核心技术模块与供应链资源，开展集成创新与应用示范。随着人机交互、人工智能、视觉伺服等技术不断提升和需求持续增加，在智能机器人产业链核心零部件（上游）、系统集成（中游）、整机制造与应用（下游）等环节存在千亿市场规模的"蓝海"。为了引领产业发展的应用体系，深圳先进院与商汤等近 50 家企业共建联合实验室，与企业共同研发共有专利 103 个，牵头创立了我国第一个机器人产业协会以及产业联盟，推动深圳机器人产业总产值由 2006 年的 5 亿元发展至 2021 年的超 1500 亿元，深圳市机器人产业企业总数达 945 家，先后获得 17 项国家、省、市科学技术奖以及吴文俊人工智能奖。

首创"蝴蝶模式"

谈到先进院对新兴产业的孵化和推动作用，大手笔超前布局合成生物和脑科学必然是值得浓墨重彩称赞的。以合成生物方向为例，深圳先进院牵头建设合成生物学创新研究院（三年聚集近千人）、合成生物学院（深理工下设学院）和合成生物重大科技基础设施的基础上，2021 年在光明科学城建设合成生物"楼上创新楼下创业综合体"，并与专业化产业园区联动，吸引落地企业 37 家，融资总额数十亿元，产业估值超百亿元，实现了合成生物产业在光明区的集聚。

15 年来，樊建平带领深圳先进院聚焦创新链与产业链的深度融合，坚持科学与产业一体设计、一体推进，率先探索"0—1—10—∞"的"蝴蝶模式"。他介绍，"蝴蝶模式"指深圳先进院在光明科学城建设过程中，通过凝聚教育与学术、科研与转化、开放设施等要素，与政府和市场紧密互动，形成多个创新要素聚集体，实现科学研究与产业发展一体设计、一体推进。它与科研成果产出后再寻求转化的传统模式截然不同。

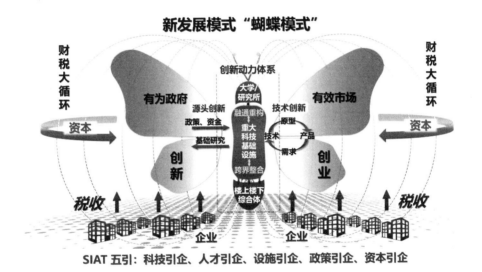

先进院坚持科学与产业一体设计、一体推进，在深圳率先探索实践"0—1—10—∞"的"蝴蝶模式"

1. 科教融合，聚焦"从 0 到 1"的原创突破。

受传统高校和科研院所过分注重理论研究和学术论文发表、对科技成果的经济社会效益不够重视、产生的科技成果与企业需求脱节等因素影响，我国科技成果转化率不足 30%，与先进国家保持 60%—70% 的平均水平相差较远。

深圳先进院进一步拓展科教融合的内涵和模式，营造了总建筑面积

83.4 万平方米的"新型研究型大学 + 基础研究机构"的科教融合创新载体。高起点高标准建设集科教融合、产教融合于一体的新型研究型大学——深圳理工大学，充分发挥新型研究型大学在自由探索、学科交叉方面的优势，聚焦生命科学前沿领域，开设合成生物学院和生命健康学院，培养拔尖创新人才，突出"从 0 到 1"的原始创新，实现科教融合无缝衔接。同时，加强对科技创新的前瞻研判，瞄准生命科学重点领域，避免低水平模仿研究、同质化竞争和大而全小而全的学科发展模式，集聚智力、技术、国际创新资源优势，打造综合性、前沿性、交叉性的基础研究机构——深圳合成生物学创新研究院和深港脑院，培养兼具探索创新精神、丰富科学实践和符合社会发展需求的高精尖缺人才。

新型研究型大学强调目标任务导向，通过全面科教融合，不断加强"从 0 到 1"的基础研究，促进创新扩散和联动，协同打造科技创新策源地，下好人才培养先手棋。

2. 研产衔接，助力"从 1 到 10"的产业转化。

重大科技基础设施作为探索宏微观科技奥秘和极限的国之重器，已成为加快打造原始创新策源地和破解关键核心技术的重要支持。科技成果高效转化机制既是实施创新驱动发展战略的重要任务，也是加强科技与经济紧密结合的关键环节。

第一，建成托举生命健康的重大科技基础设施。深圳先进院在光明科学城牵头建设总建筑面积为 23.1 万平方米的合成生物大设施和脑设施，两大重大科技基础设施兼有科研平台属性和产业平台属性，将助力以合成生物学、基因编辑、脑科学、再生医学等为代表的生命科学前沿领域变革迭代，为生命健康企业参与全球产业竞争提供科技基础支撑。

第二，搭建跨越"死亡之谷"的"楼上楼下"创新创业综合体。深圳先进院首创"楼上楼下"创新创业综合体形式，"楼上"科研人员开展原始创新活动，"楼下"创业人员对原始创新进行工程技术开发和中试转化，推动更多科技成果沿途转化，还可通过孵化器帮助创业者创办企业，开展技术成果商业化应用，缩短原始创新到成果转化再到产业化的周期，形成"科研—转化—产业"的全链条企业培育模式。

深圳市工程生物产业创新中心和光明脑科学技术产业创新中心以2.1万平方米的运营面积、4600万元的共享设备、专业化的平台管理团队，让"穿白大褂的"和"穿西装的"同时出现在一栋楼里，打破了科学与产业的时空限制，架起了科研服务产业、产业反哺科研的"双向车道"。目前，已遴选入驻和意向进驻高成长性企业超30家。

"楼上楼下"创新创业综合体突破了从基础研究到产业转化的周期瓶颈和空间瓶颈，有效解决了初创企业缺乏设施和技术平台的技术难题，为"从1到10"保驾护航，让科学和产业"两双巨手"跨越"死亡之谷"，紧紧地握在一起。

3. 有为政府与有效市场耦合协调，驱动"从10到∞"的能级跃升。

一方面，在科技托起强国梦的新时代，"有为政府"强调政策的因势利导作用，提供具有辅助性的公共产品与服务，集中发力于"0—1—10"的创新阶段，为创新装上了保驾护航的"助推器"。深圳先进院蓄势蝶变，锻造和完善全过程创新生态链，在光明科学城按下了"快进键"。为面向全球引进高精尖人才，深圳市强化用人主体作用和市场激励导向，构建"能力+业绩"的人才评价体系。光明区制定了《关于支持合成生物创新链产业链融合发展的若干措施》，提出在合成生物学领域从"基础研究+技术攻关+成果产业化+科技金融+人才支撑"全过程创新生态链的各个环节予以支持。

另一方面，在科技主导的创业时代，"有效市场"强调影响和塑造战略新兴产业及未来产业生存与变革的新基因。这些保持灵敏"市场嗅觉"和快速市场应变能力的新基因，将深度参与"10—∞"的创业阶段，并不断释放市场效应。

4.同频共振，实现科学与产业大循环。

科学与产业成果聚变的大循环最引人注目。产业端的科技企业通过重大科技大设施平台导入市场需求，并投入满足需求的研发资金。科学端的研究机构利用重大科技大设施平台，并进行智力投入和时间投入，系统解决想法验证、技术需求、原型产品等各个环节的科学赋能问题，实现基于重大科技设施增值服务平台的科学与产业成果聚变的大循环。不仅在"有效市场"的作用下实现市场化、产业化，还可为"有为政府"进一步布局提供税源保障。

从"蝴蝶模式"的实践看，深圳先进院基于该体系化探索，进一步调动和激活全过程生态链中的科创"组件"，在深圳"双区"建设和"双改"实践中，打造科学与产业一体设计一体推进的科学—产业集群，即Science-Industry Cluster（以下简称"SIC"）。2021年，深圳先进院主办"B30大会"和中国合成生物学学术年会暨第三届工程生物创新大会，政府、科研、教育、产业、资本等机构翘楚齐聚一堂，针对脑科学、合成生物学领域的前沿科技、颠覆性技术、产业发展现状、未来趋势和产业生态建设进行全方位研讨，关于"推动我国脑科学产业、合成生物产业迈向国际舞台""聚力打造'科研—转化—产业'的创新链条""探寻科学与产业的新发展路径"的讨论，引发了"线上＋线下会议＋云直播"等多渠道近640万人次的观看和热议。其间签约的脑与类脑智能产业园（5.8万平方米）、合成生物产业园（3.5万平方米）将成为具有国际影响力的脑科学SIC和合成生物SIC的重要载体之一，承载并助力科学与产业"从10到∞"的大幅跃升。目前，已有100余家意向进驻企业和技术团队向两大产业园提出入驻申请，已有12家入驻产业园，场地空间入驻率达70%，潜在市场承载力和成长力十分可观。

深圳先进院作为中国科学院在华南地区布局的新型研发机构,尤其重视科学与产业的结合,开展"0—1—10—∞"的创新链、产业链、人才链、教育链的有效衔接与深度融合。

眺望着光明科学城的方向,樊建平已经在脑海中勾勒出未来生命科学园——深圳先进院将在总计 100 余万平方米的创新创业空间内,集聚 3000 余名科技创新人才,构筑"科技引企、人才引企、设施引企、政策引企"的广泛应用场景,打造前沿生命科创集群。为建设原始创新策源地、关键核心技术发源地、粤港澳大湾区高水平人才高地和国际科技成果转化聚集地,提供拥有核心竞争力的融通创新创业平台,实现高水平科技自立自强。

开创"CRDO模式"先河

为了实现黑磷等新材料成果的产业化,喻学锋团队采取新型的 CRDO 模式,即"研发设计服务模式",与湖北兴发集团密切合作,取得了良好的社会和经济效益,在国内产业界传为佳话。

磷是一种世界范围内极为稀缺且不可再生的资源,有白磷、红磷和黑磷三种主要形态。2014 年,一种类石墨烯的新型二维材料"黑磷"被发现,它拥有可调节的能隙、高电子迁移率、高比容、独特的生化活性,被视为一种新的超级材料,有望在光电器件、离子电池、传感器、生物医学等领域展现出巨大的应用价值。

"黑磷被誉为当今'最具潜力的二十大新材料'之一。"喻学锋介绍,"然而,它的实际应用面临规模化制备困难和水氧稳定性不高两方面的难题,极大地限制了黑磷的产业化应用。"

喻学锋在先进院组建了材料界面研究中心,历时 4 年时间,从揭示磷—

磷键形成的机制出发，成功摸索出黑磷内部化学键形成的控制方法，将反应气压降低了 200 倍，实现低压条件下从原料磷分子到黑磷晶体的转化。

截至 2022 年 4 月，喻学锋团队已申请黑磷相关发明专利 80 多项，并在国际高水平刊物上发表相关论文 50 余篇，12 篇被选为 ESI 高被引论文。相关成果获得 2021 年深圳市自然科学一等奖。

深圳先进院在黑磷领域的研究成果获得国内磷化工龙头企业——湖北兴发集团的关注。

"当时，院里组织报道宣传了黑磷科研成果，国内几家磷化工龙头企业找上门来寻求合作。兴发董事长李国璋考察了研究团队一个月后，就来签署了合作协议。"喻学锋感叹幸运地遇到了产业界的"伯乐"，双方签署了建立二维黑磷联合实验室的合作协议，实现相关技术 2500 万元的产业化转让。

"联合实验室从一开始就瞄准黑磷的应用技术，在人员组建、技术创新、产品开发等各个方面搭建起一个科技成果转化平台。兴发集团则负责产品开发和销售方面的工作。"喻学锋说，"到 2019 年，团队已经实现了黑磷千克量级的制备，并且开发出黑磷催化剂等产品。"

喻学锋介绍，研究团队在深圳聚集了一大批磷材料领域的科学家，同时与武汉先进院深度联动，组建了一支工程技术人员和产品经理队伍，二者协同合作真正具备了完成"交钥匙工程"的能力，能够很好地协助企业升级转型，实现高质量发展的梦想。

先进院展现出的全链条研发创新能力打动了兴发集团高层领导，也促成了双方后续的深入合作。2021 年 8 月，深圳先进院与兴发集团再次签订战略合作框架协议，决定在新能源新材料开发和兴发产品高端化、功能化、定制化开发领域开展全面合作。

喻学锋总结道："与兴发集团的合作模式是新材料领域的一种新的产学

研合作模式，我把它称为'CRDO'模式，其脱胎于生物医药研发领域中的'合同研究组织'（CRO）模式，这里加了一个'D'，代表了'Design'（工程及产线设计），即我们除了要交付材料的合成配方，还要完成能直接用于材料生产的产线设计方案。"

众所周知，材料领域的创新都要经过"中试放大"这一过程，90%以上的材料技术都终止于此。对于材料企业而言，可谓真正的"死亡谷"。过去材料领域未出现过CRDO的模式，一大原因在于材料领域的技术更迭相对较慢，让企业有足够长的试错时间，一旦成功就可以通过技术垄断持续获利。国内绝大部分新材料企业都还是生产型企业，技术积累不足，研发能力也有限。CRDO模式的创立，就是为了帮助企业快速、顺利地跨越"死亡谷"。由材料技术开发人员、工程技术人员、产品设计人员、项目管理人员组成的机构或团队可以根据企业的需求，匹配合适的实验室研发成果，制定潜在可量产的技术路线，然后通过小试、中试，最终给企业提供一套可实施的产线设计图。

在CRDO过程中，深圳先进院负责前沿科技探索、技术原型开发，武汉先进院负责技术成果的产品化、中试放大、量产工程设计，企业只需要聚焦量产工艺技术、产品质量体系、供应链技术把控。三方形成了一个技术联合体，大幅度提升企业新产品的开发效率，降低投入和研发失败的风险。

集群模式：构建协同创新网络生态

2020年8月14日，第八届中国电子信息博览会在深圳举行。深圳市新一代信息通信产业集群在这里首次亮相，汇报展共分为八大展区，包括集群总体情况展区、集群促进机构建设及服务情况汇报展区、集群重点项目展区、5G通信产业展区、集成电路产业展区、新型显示产业展区、工业互联网与人工智能产业展区、科研机构展区，超 60 家企业和项目参展。

党的十九大报告要求"培育若干世界级先进制造业集群"，新一代信息通信产业集群位列其中。深圳先进院积极参与，成果获得工信部和深圳市工信局认可。2019 年 6 月，深圳先进院成为深圳市新一代信息通信产业集群总促进机构，代表深圳市及产业集群以分类第一名的成绩中标工信部集群培育项目，获批工信部集群项目资助。

先进院产业发展处处长毕亚雷介绍，我国的行业协会和新型研发机构尚在发展初期，短期内很难成为成熟的集群管理和促进机构，以深圳先进院为代表的国家新型研发机构，成为建设集群产业的良好载体，坚持政府引导、企业主导，以协同创新为引领，以跨界织网为方法，以集群促进机构为枢纽，以新一代信息技术打造数字经济底座，引领支撑产业数字化，着力培养细分产业，构筑集群网络化共生生态，促进先进制造业高质量发展。

毕亚雷形象地描述道："在集群层面，深圳先进院是'1'，各促进机构是'N'，促进技术的跨界融合；在产业层面，新一代信息通信集群是'1'，各兄弟集群是'N'，带动产业的跨界融合。在先进院推动下，新一代信息通信产业发展形态形成了颇有特色的'集群模式'。"

同时，集群积极组织公共交流活动，努力打造新一代信息通信产业集群品牌。截至目前，先进院共组织 60 多场跨界集群公共服务活动，参与人数超过 80 万人次，被央媒喻为集群的"织网人"，受到了产业界的广泛关注，成功打造与传播了集群品牌。

谈及未来发展，毕亚雷表示，集群将继续着眼新兴技术与产业，探索与创新培育模式，促进集群产业跨界融合，构建多维度、多层次的集群网络化共生生态，助力新一代信息通信产业腾飞。

2022 年 6 月 6 日，《深圳市人民政府关于发展壮大战略性新兴产业集群和培育发展未来产业的意见》（下称《意见》）正式发布。《意见》提出，到 2025 年，战略性新兴产业将成为推动经济社会高质量发展的主引擎，要培育一批具有产业生态主导力的优质龙头企业，推动一批关键核心技术攻关取得重大突破，打造一批现代化先进制造业园区和世界级"灯塔工厂"，形成一批引领型新兴产业集群。樊建平对该《意见》的出台表示欢迎，他分析道："《意见》提出了 20 个战略性新兴产业重点细分领域和 8 个未来产业重点发展方向。其中，半导体、智能机器人、高端医疗器械、生物医药、大健康、海洋等产业集群，合成生物、脑科学、深海等未来产业重点发展方向都与深圳先进院密切相关。在合成生物、脑科学等前沿领域，深圳不仅敢为人先，而且真正有气魄去干事创业，这体现出深圳的思想超前。相信会有更多年轻人在时代的感召下来到深圳这座不断迭代、鼓励创新、包容失败的城市，以自身的勤奋和聪明才智创造更大的价值。"

第十三章　科学无国界，科学家有祖国

　　"科学无国界，科学家有祖国"是 19 世纪法国杰出科学家巴斯德的名言。他提出传染病预防接种方案，为人类防治疾病做出了卓越的贡献。这句话有两层含义：一是指科学成果可以造福全人类，不受国界的限制，科学发现和技术发明是全人类共同的智慧成果，指南针、造纸术、青霉素、互联网等各种发明创造，均给全人类带来了巨大的福祉。二是指科学家有自己的祖国，巴斯德作为一名法国科学家，不能接受德国颁发的奖项。我国的钱学森院士被誉为"人民科学家"，他身上的爱国奉献精神，鼓舞着一代又一代青年科学家从海外学成归国，将他们的智慧和心血投入伟大祖国建设事业中，由此凝聚成中国科技事业发展的磅礴力量。

　　深圳先进院自成立以来，积极开展国际科技合作，结出累累硕果，也对留学海外的青年科学家产生了巨大吸引力，从不同国家归国的科学家加盟先进院，演绎出"科学无国界、科学家有祖国"的动人乐章。

国际科技合作如火如荼

　　2022 年，先进院脑所张小康研究员团队与瑞士洛桑联邦理工大学的政府级合作项目获得批准，获得 300 万元人民币资助，双方针对脑科学中神经突触的三维结构解析开展合作。该项目是先进院开放办院、国际化发展的众多国际合作项目之一。

从办院伊始，国际合作就成为先进院强力发展的引擎，也是先进院发展的重大战略之一。从最初的吸引国际人才，到国际合作项目，再到国际化平台的建设，组建中外联合单元，牵头培育国际大科学计划，先进院的每一步发展都蕴含着国际合作带来的推动力。

先进院科研处副处长张鹏介绍，先进院获批的国际科技合作基地在2020年的综合评估中获得"优秀"，彰显示范引领作用。国际人才的引进逐年增加，使国际科技专项的经费也大幅攀升，这些均反映出先进院大力推动国际合作所带来的巨大机遇。

持续引进高层次国际人才是先进院国际化的重要特点，也是国际合作的重要组成部分。中科院国际人才交流计划连续两年获评中科院综合管理评估第一，主要体现在项目批准数量最多和管理质量突出，这些都充分体现了先进院在人才竞争上的绝对优势和管理模式的先进性。

截至2021年底，深圳先进院引进全职院士11人、兼职院士34人、134名国际人才、全职外籍员工69人；海归员工903人（占比32%），柔性吸纳国内外优秀非全时学者350人，81人在275个国际学术期刊/会议担任职务，59人在154个国内外知名学术组织担任职务。他们在生物医工、生物医药、脑科学、合成生物、人工智能、材料、碳中和等领域，形成了一支有梯队、有层次的国际人才队伍，确保科技创新水平比肩国际一流，也为深圳先进院实施"走出去"战略奠定了良好的国际人才优势，为科技创新提供源源不断的持续动力。

先进院承担了不少国际科技专项，取得了显著的成绩。与2006—2013年的8年相比，2014—2021年国际科技专项经费获取年均增长8倍，2021年获批国际科技交流与合作经费近6000万元，有效地支撑了深圳先进院建立实质性合作，组织开展涉及重点领域（方向）的国际交流、联合研究，联合单元的建设。截至 2021 年，深圳先进院共承担国际交流与合作项目 332 项。其中，研发类 173 项，国际人才交流计划、国际会议、国际培训计划 159 项（涉 50 个国家和地区，90% 以上为发达国家的知名高校和科研机构），广东省级国际联合研究中心 5 个，涵盖计算机建模、生物材料、脑科学、储能材料、转化医学领域，验证了国际联合创新队伍的先进性和学术研究的国际引领性。

2006 年至 2021 年，深圳先进院举办大型国际学术会议 56 场，其中多个为首次在我国召开的国际会议，如 2014 年度 DATA MINING 国际会议、2018 年 IEEE 类生命机器人与仿生系统国际会议、2021MDPI Materials 国际材料会议、第二届中法联合脑肠轴国际夏令营等。

目前，深圳先进院已与韩国、以色列、巴基斯坦、希腊、乌克兰等 20 多个"一带一路"沿线国家建立了国际科技合作、国际人才培养及互访交流，共同开展国际合作项目 40 余项。

科技部对先进院"十三五"期间国际化发展管理工作的评价十分中肯："在国际科技合作网络建设、人文交流、人才培养等方面开展了富有成效的工作，推动国内创新主体有效对接和利用了全球科技创新资源，促进了有关部门和地方国际科技合作渠道的建立，支撑推动了区域经济和产业发展。"

美国院士的邮件架起合作的桥梁

罗小舟本科就读于新加坡南洋理工大学，在美国斯克利普斯研究所攻读博士，研究方向为基于大数据及机器学习的蛋白质定向进化、蛋白质工程、高通量筛选、天然及非天然化合物的生物全合成。他在博士后阶段师从美国工程院院士、加州大学伯克利分校杰·基斯林（Jay D. Keasling）教授。

"2019 年回国发展缘于一个偶然机遇，没想到竟成为我一生事业的起点。"罗小舟回忆起决定他命运的一次谈话，"2017 年 12 月底，我到导师基斯林教授家里参加圣诞节聚会。他非常兴奋地说，深圳先进院在建设一个合成生物大设施，希望我回国去看看这个合成生物大设施的建设情况，是否能帮助他把成果产业化。我一听也十分兴奋，因为我对自动化非常感兴趣，对这个最新的自动化大设施更想一睹为快，就很爽快地答应下来。"

早在 2017 年 8 月，基斯林教授从一次国际学术会议上了解到先进院计划做合成生物大设施的信息，就第一时间给先进院合成所所长刘陈立发邮件，表示想过来看看大设施的建设。

刘陈立回复邮件表示欢迎，并诚挚地邀请他参加同年 12 月初举行的深圳先进院合成生物学研究所的成立仪式。刘陈立对基斯林院士慕名已久，他不仅是加州大学伯克利分校教授，同时为美国劳伦斯伯克利国家实验室生物科学首席科学家、美国生物能源联合研究所 CEO、美国加州大学伯克利分校合成生物学工程研究中心主任，设计构建出抗疟药物青蒿素的微生物，改善了提取青蒿素的传统手段，先后荣获"国际埃尼奖""海因茨奖""国际代谢工程奖"等重要奖项，被誉为"国际合成生物学产业化先驱"。

基斯林院士参加了深圳先进院合成生物学研究所的成立仪式。仪式结束后的中美合成生物学院士高端论坛上，基斯林院士就合成生物学的学科发展、国际合作项目及未来产业化前景发表了专题演讲。

2017 年 12 月，樊建平带队到美国加州招聘人才并拜访了基斯林院士，刘陈立也随同前往。罗小舟回忆第一次见到樊院长和刘陈立时说："他们在加州待了两天，我和基斯林院士帮他们联系了几家在旧金山发展得很好的合成生物企业，还一起参观了美国能源部实验室。为了按时赶往招聘会现场或者多参观几家实验室，年过半百的樊院长常常是一路小跑赶时间，我十分感动。"

两个月后，罗小舟受基斯林院士委派，第一次来到深圳先进院，刘陈立热情地接待了他。基斯林院士的一封邮件，架起了深圳先进院和美国加州大学伯克利分校合成生物顶级团队的合作桥梁。

"我此行的任务本来是考察先进院是否适合做科研，能否吸引到人才，是否可以作为基斯林院士项目的转化基地。我到深圳之后发现大设施还停留在项目计划书阶段，更让我感到意外且感动的是，刘陈立所长拿出图纸、计划书，让我提意见和建议，让我有充分的参与感。我记得计划书里更多的是对硬件内容的规划，而缺乏对软件的规划，因为自己曾利用很多软件进行合成生物研究，于是我建议增加更多软件的内容。他还让我充分准备，在合成所做了一个专题报告，介绍软件如何加速科研进程，如何规范生产流程。后来，软件也成为合成生物大设施的重要组成部分。"罗小舟语速极快地说着，他那段时间每天都非常充实且忙碌，虽然还不是先进院的员工，但他与刘陈立深入地交流着彼此对合成生物未来趋势的展望。

"合成生物是一个很新的方向，即使在美国都是很新的领域。一些自动化设备并不是专门为合成生物产业制造的，我们常常采购为医院设计的仪器设备将就着使用，所以在使用中会遇到很多'痛点'，希望深圳的合成生物大设施能针对这些'痛点'进行改进。我提出来的大大小小建议都得到了先进院同事们的重视和采纳，为大设施的建设建言献策让我在先进院找到了'主人翁'的感觉！"

2019 年秋天，罗小舟正式回国，担任深圳先进院合成生化中心执行主任。与此同时，他也是森瑞斯公司的联合创始人。罗小舟觉得自己同时拥有这两个身份能更好地把科研机构对创新的追求和企业的商业化需求紧密结合在一起。

在产业化道路上高速奔跑

森瑞斯 CEO 周希彬在调研市场时，发现液体新材料橡胶具有巨大市场，跟研发团队讨论后，决定以酿酒酵母为底盘细胞，开发体外构建生成液体新橡胶的通路进行研发。森瑞斯利用其前期已开发的数个针对酿酒酵母改造的工艺方法，结合内部的合成生物元件库，在半年内就将液体橡胶产量提升到可商业化的水平。

罗小舟介绍："由于先进院有高通量的设施，可以把产品做出来，投资商自然蜂拥而至。如果不能做出产品，投资商肯定认为我们的想法属于天方夜谭，哪里会给我们真金白银呢？如今，森瑞斯 A 轮融资后估值达到 7 亿元人民币。不久的将来，森瑞斯还会生产出更多应用于航空航天和生物电子等方面的产品。森瑞斯的发展速度和罗小舟研究团队的迅速发展，令基斯林院士无比惊叹：'深圳速度太快了'！"

2020 年春天，"合成生物学微生物制造"联合实验室在深圳成立。罗小舟团队又与中国知名企业宁夏伊品生物携手建立了联合实验室，实验室项目经费为 1000 万元。罗小舟说："我们希望依托基斯林院士成功产业化的国际经验，以国内的市场需求和地区战略为导向，做更有价值的尝试。"

2022 年 4 月，森瑞斯宣布已完成由深创投领投、深圳高新投和多家下游产业方跟投的近亿元 A 轮融资。至此，深创投已连续两轮领投森瑞斯。此前，森瑞斯登上工程生物产业数据分析平台 EB Insights 发布的《全球最值得关注的 50 家合成生物学企业》榜单，是上榜的九家中国企业之一。

2019 年，罗小舟作为子课题负责人承担的"抗肿瘤天然产物生物合成"获批科技部重点项目。2020 年，他负责的"非天然原核生物的构建"再次获得科技部项目支持。罗小舟说："基础研究是一流成果产生的基础，没有好的基础研究，是不可能有一流的成果产业化的。对于当前如火如荼的合成生物学市场，我国的合成生物学产业依然处于一个起始阶段，未来发展仍有很大空间。我们需要开发先进的技术和提出先进的理念，并将科研和产业相结合。"

被国内优良的产业化环境吸引回国的罗小舟投身于时代的洪流，虽然他说是因为偶然的一次机遇，但注定有必然的成分，那就是祖国在逐渐强大，深圳先进院超前布局合成生物新兴产业，在国际科技前沿崭露头角。他是幸运的，也是勇敢的，在合成生物产业发展初期阶段，就率先推进产业化，成为勇立潮头的"弄潮儿"。

心怀产业报国梦，矢志不移做科研

与罗小舟的经历不一样的是，钟超博士先落地上海，又加入深圳先进院的平台。钟超毕业于美国康奈尔大学，曾在美国华盛顿大学和麻省理工学院完成博士后研究。回国后，从2014年开始在上海科技大学担任课题组长并获常聘教授。

"我一直希望把成果产业化，当我听说深圳先进院牵头建设合成生物大设施的消息，再加上我之前跟先进院合成所所长刘陈立相熟的缘故，所以我就决定到先进院实现产业化梦想。"于是，钟超在2020年春天加入先进院开启创新创业之路，并在刘陈立所长的支持下成立了合成生物学研究所材料合成生物学研究中心。

该研究中心专注于材料合成生物学领域，结合合成生物学、材料科学和机器学习等方面的工程原理，开发自组装生物材料、工程活材料、益生菌活体治疗和半导体—微生物杂化系统，推动这些先进材料技术在生物医药、医美和能源等领域的应用。目前，中心的研究方向集中在工程"活材料"、半导体合成生物学和可编程生物材料三个领域。

钟超带领的团队人员包括研究员、副研究员、博士、硕士共二十余人，平均年龄 27 岁，团队成员科研背景包括合成生物学、细胞分子生物学、微生物工程、生物材料、计算生物学等多个领域。

研究中心发展很快，目前有 6 位项目负责人，他们分别来自材料、微生物、生物工程等科研领域。中心成员获得科技部重点研发计划合成生物学专项基金、国家自然科学基金和青年基金、国家博新计划、博后基金等资助，并与著名高校科研团队（比如麻省理工学院、康奈尔大学、帝国理工大学）建立紧密合作。

2021 年，钟超和大学同学崔俊锋一起注册成立深圳柏垠生物科技有限公司，基于合成生物和机器学习双核技术驱动开发生物基材料和相关医疗产品，旨在为客户提供安全可靠的持续性解决方案。公司起步于深圳市工程生物产业创新中心，是深圳先进院"楼上楼下创新创业综合体"创新模式的典型范例之一。

钟超对"楼上楼下"的创业模式特别赞赏和感谢："柏垠生物一开始就入驻深圳工程生物产业创新中心，位置在卓宏大厦 5 楼，课题组就在 7 楼，这个布局把基础研究和产业化研究结合得更紧密了，产业化周期也缩短了，对于人才培养也十分有利。先进院为我们提供如此优越的产业化环境，在全球范围看都是首屈一指的。"

柏垠生物受到投资界的青睐，不到一年时间，就开启了合成生物材料研发新格局。钟超说："公司已经获得了数千万元的投资。深圳不愧为高科技创业的沃土，融资环境非常好。"

2021 年 12 月，柏垠生物完成总额近 500 万美元的天使轮融资，获得五源资本独家投资。此次融资标志着公司在合成生物新材料和相关医疗管线产品开发的正式开始。企业已经从海内外组建包括合成生物技术、生物信息、代谢工程、发酵纯化产业工程等核心技术团队，推动产品的有序量产。同时，企业正在规划和建设符合药品生产质量管理规范的厂房。

公司核心产品管线主要包括蛋白和多糖类材料，广泛应用于医药、化妆品、食品等领域。目前，蛋白和多糖等研发管线进展顺利，符合市场需求，具有高实用价值和国际竞争力，产品有望在未来两年内上市销售。

"国家重视科研发展，光明区的领导作风务实，先进院的平台开放包容，先进院的'3H工程'做得非常到位，这些因素让我们科研人员无后顾之忧。来深圳这两三年，我们团队的成长速度显著加快，希望能在科研和产业化两条道路上齐头并进。最后，也希望给我们中心和团队的年轻人提供一些有益的经验，让他们看到只要奋力奔跑，就一定有希望。"钟超说话就像他的思维一样敏捷。

刚过不惑之年的他，还有太多的事情要做，因此总是步履匆匆，语速匆匆，而他对未来的描述留给笔者的脑洞无比巨大：如果发生肠胃溃疡出血，一片生物"活材料"就能瞬间止血。如果用生物工程菌制备，可以把二氧化碳直接变成淀粉或者葡萄糖。这将是多么美好的未来！

科学家要有使命感

2019年11月27日，深圳先进院蛋白与细胞药物研究中心授权加拿大应用生物材料有限公司销售抗癌症靶点CD317的单克隆抗体。该单克隆抗体出自万晓春团队的研究成果。

为何要选择研发抗体药物？万晓春回答道："科学家应该有使命感，有担当，我们科研人员都喜欢做自己喜欢的事，但也要清楚地知道社会需要我们做什么研究。我们给加拿大相关公司授权的是一种供科研使用的抗体试剂，让全球都知道这个单克隆抗体试剂是'Made in China'（中国制造）。"

2019 年 11 月，万晓春所在团队成功研发出一款原创大分子新药——AS1501，获国家药品监督管理局批准开展临床试验，适用于病毒性、自身免疫性和药物性肝炎等引发的肝损伤、肝衰竭。

回国前，万晓春在国外从事抗体药物研究工作 20 多年，长期从事治疗型抗体药物的研发和自身免疫性疾病的研究。回国后，他与国内很多制药企业交流，发现国内很多药企倾向于做仿制药，不愿意集中精力研发原创药物的主要原因之一是新药的研发周期太漫长了。

"但是创新药物研发还是需要有人去做，我们是用'十年磨一剑'的精神做原创大分子新药。"万晓春在先进院组建新一代单抗药物创新团队，专门从事新药研发。

同时，深圳先进院依托万晓春团队孵化了深圳市中科艾深医药有限公司（以下简称"中科艾深"），主攻 AS1501 新药的审批和上市。如今，中科艾深已获得深圳市高新技术企业证书，正加紧开展临床一期及二期试验。

2017 级生物化学与分子生物学专业博士 Adeleye Oluwatosin Adeshakin 是来自尼日利亚的留学生，现在在美国著名的圣裘德犹太儿童研究总医院做博士后研究。先进院读博期间，在导师万晓春教授的指导下，他为改善临床抗 PD-L1 癌症免疫疗法提供了新的治疗方案。在华留学期间，他喜获深圳先进院院长奖学金特别奖。

长期以来，万晓春对留学生的培养非常重视，他说："来自非洲国家的留学生非常勤奋，经过三四年博士培养，科研产出很多。2017 年我带了 3 个尼日利亚的博士生，现在他们都去美国著名的高校和研究机构做博士后研究。今年，医药所争取了多个留学生，我们有信心把这些留学生培养成为顶尖人才。"

正如一位哲人所言："只有献身于那些超越自身的存在，才能找到生命的意义。"先进院里每一位兢兢业业的科研工作者，都怀抱着同一种信念——胸怀祖国、心系人民，在各自的岗位上默默地耕耘着，在平凡的岗位上诠释着不平凡的人生，用自己的行动弘扬着科学家精神。先进院人正以与时俱进的精神、革故鼎新的勇气、坚韧不拔的定力，肩负起时代的重任，在中华民族伟大复兴的征程中奋勇前进！

后 记

　　《为发展而谋》的采访工作历时半年多，在采访之余，我常常问自己，他们是怎样的一群人？

　　在科研道路上，先进院人是一群逢山开路、遇水架桥、敢于担当的勇士；在筹建深圳理工大学的过程中，他们继续发扬着开放包容、兼容并蓄的文化特色，展现坚韧不拔、顽强拼搏的精神。

　　"ETS"（即"工程－技术－科学"）发展路径代表先进院人不断追求卓越的探索过程。当初创办先进院，虽然定位是工业研究院，但在服务产业的时候，发现产业需要更多源头创新的技术。实践也证明，跟踪式的创新是走不远的。因此，要做源头创新就必须做基础科学研究。先进院从工程"E"（Engineering）走向技术"T"（Technology），再走向科学"S"（Science），一路走来，都是以问题为导向的，有问题出现就解决问题，不断追求卓越。

　　然后，再往前走，就遇到了全球的科技前沿趋势，即"实验室经济"。做实验室经济需要优秀大学生这支生力军，因此要办研究型大学，做教育——"E"（Education）。大学建起来又会反哺产业，满足科技产业的需要，所以需要新型研究型大学培养产业需要的科技人才。

由此可见，樊建平带领着先进院人在做一个大课题，实际上就是"E-T-S-E"（即"工程－技术－科学－教育"）这样的一个大课题。如果以大家都在承担科研任务作比，樊建平所承担的是一所国家科研机构不断创新的特殊使命。这是他给自己写就的一道命题。

　　要解出这道命题，实属不易，可能要倾尽毕生的心血，面对无数的艰险和挑战。深理工学术委员会主任赵伟教授曾如此说："办大学其中的艰辛，超出了我的预期，用樊建平说的'九死一生'来形容一点也不为过，幸好他是无私、坚韧且有胆识的。相信通过我们的共同努力，这所大学一定会成为深圳人的骄傲。"

　　赵伟教授感触颇深地说："在我看来，无私、胆识、坚韧、沟通这8个字是樊建平院长事业成功的要素。只有以无私的品质作为底色，才可能有过人的胆识，也才可能坚韧不拔和不断迎接挑战。不论是从零起步创办先进院还是筹备建设深理工，都需要具备长远的战略眼光，这个过程中有无数的艰难险阻需要一一化解。最难能可贵的是，樊院长处理事情很灵活，不会死磕硬碰，也不会轻易放弃，这个度把握得很好。"

　　赵伟教授是先进院的老朋友，他的评价十分中肯。令我深感荣幸的是，自己同样是先进院的老朋友了。一路走来，聆听了很多先进院的故事，采访过很多先进院的科研人员，赵伟教授的这席话深深触动了我，让我内心产生强烈的共鸣。最近半年里，我听得最多的是"以百米冲刺的速度跑马拉松""先进院人做什么都要做得最好"，这是具有强烈使命感的人才具有的精神境界，《为创新而生》一书展现出先进院人奋勇拼搏的精神，《为发展而谋》中体现出先进院人的远见、胆识和智慧，而无私的品质则是这一切的底色。

　　抓创新就是抓发展，谋创新就是谋未来。《为发展而谋》力图展现先进院群体奋斗和探索的故事。当然，这并不是一个静止的状态，而是处于快速发展中。感受到的激情和正气恰恰是他们心系"国家事"、肩扛"国家责"的爱国情怀。党的二十大报告中一个重要的理论创新是将教育、科技、人才放在战略任务中进行统筹部署，作为全面建设社会主义现代化国家的基础性、战略性支撑。依托深圳先进院建设深圳理工大学恰恰是促进教育、科技、人才三者的有机结合，通过协同配合、系统集成，共同塑造发展的新动能、新优势，是对一体发展理论的具体实践。

在此，我要特别感谢先进院领导和朋友们的鼎力相助，让我得以在较短时间内顺利采访了 90 多位先进院的创始班子成员、科研骨干、合作企业家、优秀毕业生以及这段历史的参与者和见证者，整理出近百万字的文字资料。远在北京的先进院首任党委书记白建原曾多次网上连线参加远程会议，一起回顾先进院的发展故事。先进院各个职能部门、研究所的各位领导对本次采访和创作工作给予了大力支持，提供了大量数据和资料，为我的写作提供了坚实的史料。在此，对所有接受本人采访的科研工作者和政府、企业界朋友们，以及为写作提供帮助的韩汶轩、丁宁宁、卜静怡、王之康、王淼、郑彦盛、毛景洋、刁雯惠、孟倩羽等深表谢意！

同时，我要特别感谢深圳出版社。自 2016 年精心编辑出版《为创新而生》后，该社持续关注先进院的发展成就，又继续鼎力支持《为生存而战》和《为发展而谋》的出版工作，终于将这套有关深圳先进院发展的系列丛书呈现给广大读者。

如果您曾阅读过《为创新而生》一书，那么再捧起《为发展而谋》的时候，相信您还会遇到一些熟悉的人物，说明您也是关心先进院发展的老朋友了，一定会为他们所取得的新成就而感到欣喜和振奋。如果您是通过《为发展而谋》第一次了解先进院，在此要真诚地感谢您对我国科技创新事业的关注，关注深圳的第一所国家科研机构所做的种种探索，他们的努力为我国的科技体制改革和教育体制改革提供了有益示范和参考。

这是一群值得尊敬的人，在我国迈向世界科技强国的征途中，他们是冲锋在前的勇士。

愿力无穷，潜力无限，创新无极限！